# 进阶

胡鹏●著

中国华侨出版社
·北京·

## 图书在版编目 (CIP) 数据

进阶 / 胡鹏著 .—北京：中国华侨出版社，2020.1（2024.7 重印）

ISBN 978-7-5113-8159-0

Ⅰ.①进… Ⅱ.①胡… Ⅲ.①成功心理—通俗读物 Ⅳ.① B848.4-49

中国版本图书馆 CIP 数据核字（2020）第 007771 号

## 进阶

著　　者：胡　鹏
责任编辑：刘晓燕
封面设计：胡椒书衣
经　　销：新华书店
开　　本：710 mm×1000 mm　1/16 开　　印张：12　　字数：130 千字
印　　刷：三河市富华印刷包装有限公司
版　　次：2020 年 1 月第 1 版
印　　次：2024 年 7 月第 3 次印刷
书　　号：ISBN 978-7-5113-8159-0
定　　价：49.80 元

中国华侨出版社　北京市朝阳区西坝河东里 77 号楼底商 5 号　邮编：100028
发 行 部：（010）64443051　　　传　　真：（010）64439708
网　　址：www.oveaschin.com　　E-mail：oveaschin@sina.com

如果发现印装质量问题，影响阅读，请与印刷厂联系调换。

# 前言
Preface

在 21 世纪,没有危机感,就是最大的危机。你耽于惰性,想一成不变,可这个世界在变,它不会因为你的停顿而停止,我们必须随着世界的变化而变化。

看看那些已然声名显赫的企业家是怎么说的:

微软的比尔·盖茨说:"微软离破产永远只有 18 个月。"

海尔的张瑞敏总是感觉:"每天的心情都是如履薄冰,如临深渊。"

联想的柳传志一直认为:"你一打盹,对手的机会就来了。"

百度的李彦宏一再强调:"别看我们现在是第一,如果你停止工作 30 天,这个公司就完了。"

别以为这与你无关,事实上你也一直生活在危险之中。在这个朝夕更新、竞争激烈的时代,个人的成长就如逆水行舟,不进则退,只有进阶者才能幸存。

所以,你不能再留恋舒适的现状,你必须突破自我,重新塑造自我,必须有意识地去培养自己的竞争力,只有这样,你才算真正的安全。如果此时你还没有警醒,那么你一定会被社会淘汰。

毫无疑问,我们需要持续不断地改变和完善,在与时俱进中不断发展,才能紧抓社会发展的脉搏与时代并进，甚至创造未来，走在时代的前列。

需要强调的是，当你在进阶的时候，你必须首先对自己有一个客观审视，认清自己的短板，知道自己需要改进的是什么，而不是毫无头绪地转变。转变固然重要，但是没有格局的转变是没有意义的，你不知道自己需要什么，或者说不知道自己的目标是什么，那么你就会像一头被蒙上眼睛的驴子，只能原地打转。

授人以鱼，不如授人以渔。本书带你正确认识成功的法则，同时正确认知自己，从改变思维开始，做自己的掌管者，做人群中的领先者，科学规划、理性筹谋，谈笑风生中实现人生的进阶。

本书极具实操性，全书围绕个人发展和提升所需的方法论展开，具有普遍意义，理论与现实结合，让人触景生情、易于理解。当然，个人提升这个话题非常大，大到任何一方面都足以展开成一本书，所以，本书必然有不够周详之处，但足以作为一个基础，促进自己不断反思和总结，朝着正确的方向去努力，从而走向成功。

# 目　录
## Contents

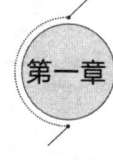

### 第一章　塑　形
### 重塑引人注目的高阶形象

进阶，从改变开始　//003

使自己看起来像个成功者　//006

挖掘并发挥自己的独特性　//008

成为有品位的"高雅人"　//011

练就强者的风范　//013

对修养进行必要的"缝补"　//015

用礼仪保持形象吸引力　//019

让对手也能看到你的风度　//021

### 第二章　升　品
### 培养与众不同的魅力品格

诚信是永不过时的品格　//025

培养果敢无畏的领袖品质　//027

必须敢想敢干，敢做敢为　//030

有担当才有成功的可能　//032

自己的事业要自己拍板　//034

增强自己的"挫折免疫力"　//036

专注于自己选择的那条路　//039

## 第三章　转　性
### 修补性格体系的致命缺陷

远离懒惰　//045

与胆小怕事做个彻底了断　//047

对抗根深蒂固的拖延症　//049

不要再顾虑重重　//052

拯救被犹豫一再延迟的成功　//053

在控制中大胆地冒险求胜　//056

磨去好高骛远的事业硬伤　//058

培养快刀斩乱麻的强者心性　//060

给刚愎自用的自己泼瓢冷水　//063

## 反本能
### 对抗养疴成疮的习以为常

解开知足造成的自我限制　//067

躲开习惯性思维的"坑"　//070

丢掉为钱工作的浅薄习性　//071

工作，不一定要从一而终　//075

放弃"阳关道"，去走"独木桥"　//078

习惯性退缩毁你没商量　//082

不要让马虎成为拦路虎　//084

别再让逃避的念头蠢蠢欲动　//086

## 格局进化
### 升级大脑系统的意识形态

塑造一个全新的自我意象　//091

为人生做份可行的大策划　//094

让观念始终处于领先状态　//096

把自己放在前途无量的位置上　//099

别让你的目标处于低层次 //102

对自己要有客观的认知与评估 //104

## 第六章 语商
### 强化人际沟通的掌控能力

下意识强化语言的掌控能力 //109

借助体态语提升个人气场 //112

说服须以摸透人的心理为前提 //115

与人沟通先拉近心理距离 //117

商务谈判中务必抢占主动 //120

辩论需攻防结合滴水不漏 //123

反驳的关键在于切中要害 //125

## 第七章 财商
### 唤醒昏睡已久的财富意识

别再让观念拖财富的后腿 //131

不要一味地存钱 //134

不要为眼前小利鼠目寸光 //136

想致富就要勇于冒险 //140

要敢于做第一个吃螃蟹的人 //142
底子薄？小生意同样能创富 //146

**第八章 审 局**
**锤炼乘时乘势的应变能力**

果断决策，别放时机的"鸽子" //153
趁热打铁，风来了就扬帆 //155
把握时局，该出手时不犹豫 //157
不必等所有条件都成熟 //159
抢占先机！先下手者才为强 //161
形势不利时，要沉得住气 //163

**第九章 借 势**
**借他人之势，成自己的事**

巧借外力解决自身的困境 //169
资金匮乏，可以"借鸡生蛋" //171
求助无门，就去寻人"做媒" //174
联合强者，壮大自己 //176
借助他人加快成功速度 //180

第一章

# 塑 形

重塑引人注目的高阶形象

每一个渴望发展事业的人,都应该注重自己的形象塑造。一个成功的形象,展示出的是自信、尊严与能力,它不但能够突出你的仪表风度,并且向公众传达着你的价值。虽然你不能改变容貌,但完全可以重塑形象;就算你天生不美丽,却没人能阻止你修炼魅力。

## 进阶，从改变开始

我们可能经常会问别人：你对自己的现状满意吗？可能多数人的回答是——不满意。然后我们会问：你想改变现状吗？回答自然是——非常想。那么我们有没有问过自己：我对自己的现状满意吗？我想改变自己的现状吗？事实上，我们的回答会和大多数人一样。只是，很关键的一个问题——我们并不清楚自己为什么会对现状不满，更令人感叹的是，我们对于现状是怎样形成的都还没有正确的认识。

这个问题的答案，很简单，一言蔽之，就是有因必有果——每一个行为都有一种结果。我们日常的行为注定了自身的命运，这就是因果。其中蕴含着成功的逻辑和法则。

换而言之，过往发生在我们身上的一切错误，造成了今天梦想的贻误。所以，我们必须学着改变自己，因为自己还不完善，还有很多缺点需要去改。

当你自己改变了,一切也就变了。每个人都有主宰自己生活的能力,前提是你不能放弃自己。别让自己沉沦,只要开始做一些小小的改变,人生终究会有所不同。

学会美化自己的人生,你就能扭转人生的败局,但如果你没有这样的意愿,你就会错过很多美好的东西。

有一个卖花的小姑娘,在辛苦了一整天以后准备回家吃饭,这时她的手中还剩两朵玫瑰花,她看到路边有一个乞丐,于是将那花儿送给了他。

这个小姑娘的不经意之举,却改变了一个人的命运。

乞丐从没想到会有人送花给自己,幸福来得太突然了,他从来没有用心爱过自己,也没有接受过别人对自己的爱,在他的眼中,这个世界一直是很冷漠的,可这一瞬间,一股暖流在他的心中流淌,当即他做了一个决定:今天不行乞了,回家!

回到家以后,他在角落里找出一个瓶子,装了些水,将玫瑰花养了起来。他出神地望着玫瑰花,静静地,呆呆地……突然,他把花拿了出来。原来,他觉得这瓶子太脏了,根本配不上如此漂亮的玫瑰花,他将瓶子洗了又洗,然后重新将花插了进去。

这时他又觉得桌子太脏、太乱了,花儿摆在上面一点也不协调,于是他又开始擦桌子,收拾杂物。

那么,这么漂亮的玫瑰花,这么干净的桌子,怎么能放在这么肮脏的屋子中呢?接下来他又开始收拾房间,把所有的物品都摆放整齐,把所有的垃圾都清理出去。这个乞丐的家,因为有了这朵玫瑰花而变得整洁、明亮起来。他第一次发现原来自己生活的环境可以这样整洁。他在屋子里忘情地舞动起来。突然,他发现镜子里有一个蓬头垢面、衣衫褴褛的年轻人,原来自己竟是这副模样,这样的人有什么资格待在这样的房间里与玫瑰相伴呢?于是他立刻去洗了澡,然后找出一件虽然陈旧但还算干净的衣服,又对着镜子刮去了满脸的胡子。这时镜子中出现的,俨然是一个年轻帅气的小伙子。

他突然发现,自己其实还是蛮不错的,为什么要去当乞丐呢?他多年以来第一次这样拷问自己,他的灵魂在瞬间觉醒了。他当即决定,从此以后再不行乞了,他要找一份正正当当的工作。这是他一生中最重要的决定。

因为不怕脏不怕累,很快他就找到了一份工作,心中的那朵玫瑰花一直激励着他,他不懈地努力着,40岁的时候,他成了当地非常有名的民营企业家。

对成功来说,最大的敌人是自己,战胜了自己,你就是真正的胜利者。现在,学着改变自己,发现真正的自己。

如果你不想改变,这个世界不会给你留任何情面。现在的世界是整合性的,是多维度的、多变的,要在社会中生存、发展甚至有所贡献,那么就不能闭门自赏。人在社会中生存有如逆水行舟,不进则退,社会在变、时代在变、人也在变,如果你不变,势必会成为这个社会的弃儿。

到时,任何的抱怨都是无济于事的,只会让自己的情况更加糟糕。如果你不想有那样一个明天,那么就在今天,尝试着去改变自己。你会感觉到,自己的体内被注入了新鲜血液,你会有更多新的发现。

## 使自己看起来像个成功者

形象如名片,没有它,你的自我展示就会大打折扣。事实上,所有气场强大的大企业家、行业领袖及政治家等,其形象都是经过专门塑造的。

一个对形象注意有加的人,往往会在人群中得到信任,更能在逆境中获得帮助,也必定能够在人生中不断找到成功的机会。事实上,他在用自己的形象、魅力影响着别人,最终成就了真正精彩的人生。

英国著名学者尼克森表示:"人们常用三个词汇描述成功者——性格、能力、形象。这是因为人们已在潜意识中为成功者下了定义,而当今的管理界刻意回避对成功者外在形象的研究,这是背离现代管理思想的。"志在成功的人,倘若只专注于能力,忽视形象,其成功速度必受影响。

艾斯蒂·劳达有"化妆品王后"之称,她身价高达数十亿美元。此外,她耀眼的形象、无可阻挡的魅力、高贵典雅的气质、不俗的谈吐,更是令人倾慕不已。

艾斯蒂·劳达的教育程度不高,起点也很低,主要是为叔叔研制的化妆品做推销工作。为此,她必须顶风冒雨走街串巷,其中艰辛自不必说,但劳达从未抱怨过。经过一段时间的历练以后,她积累了一定的推销经验。于是,她建议叔叔研制一些高档化妆品,并开始向上流社会进行推销。不过，她的举动并没有得到良好收益，劳达很想弄清个中缘由。

终于，在被一名贵妇拒绝以后，她鼓起勇气问道："我很想知道，您为什么要拒绝我的产品呢？是因为我的推销技巧很差吗？"

对方开诚布公但略显尖酸地回答："这与推销技巧无关，而是你的问题。你必须承认，你给人的感觉就是档次很低，这又如何让我相信你的产品呢？"

劳达顿有一种受辱之感，但她知道，自己已经找到了问题的根源——产品档次的高低，取决于推销人的档次。

她狠下心要对自己进行"整容"。于是，她开始刻意模仿名流女性，效仿她们的穿着打扮以及言谈举止。不仅如此，她还意识到，塑造不能仅限于外表，而应更加注重塑造内在美。基于此，劳达有意识地培养自己的自信心，同时也非常注重知识的丰富。

一段时间过后，劳达摇身一变，成了一名内涵丰富、举止优雅的迷人女性。她开始进入上流社会，向名媛贵妇们推销自己的产品，并获得了前所未有的成功。

形象并不单单是指穿衣、发型、化妆等，它是一个综合概念，是一个人外在魅力与内在魅力的整体体现；形象并不局限于漂亮的脸蛋儿、傲人的身材、醉人的微笑，更包括人的思想、追求抱负、价值观、人生观等。从某种意义上说，塑造形象就是与社会进行沟通，并为社会所接受的一种方式。

在西方流传这样一句名言——"你可以先将自己打扮成那个样子，直到自己成为那个样子。"使自己看起来更像个成功者，这更有助于你打开事业之门，让你在人群中脱颖而出，吸引无数的目光。例如，在选举时，若是你"像个领导"，人们因此会更愿意投你一票；晋升时，若是你"像个主管"，你更容易得到老板及同事的认可；商业往来中，若是你"像个成功商人"，对方会更愿意相信你的公司，也愿意与你洽谈贸易。

## 挖掘并发挥自己的独特性

在这个世界上，每一个人都具有与众不同的特性。这种特性可以表现在一个人的生理素质和心理素质上，也可以表现在一个人的社会阅历与人际关系上。与众不同的特性是一个人走向成功的基础；人必须植根于自己的特性，忽视自己的特性或者故意抹杀自己的特性，永远也不可能获得真正的成功。

尽管宇宙间美好的东西比比皆是，但是，不在烙上自己特性印记的那片土地上付出艰辛的人，终将一无所获。

很多人在生活和事业上循规蹈矩、谨小慎微，权威怎么说，他们就怎么说；众人怎么做，他们也就怎么做。他们是随波逐流的一群，毫无主见，毫无个性，也不在乎自己究竟能随大流跑出什么名堂。

有一些人自惭形秽，对自己独特的存在价值缺乏信心，对自己的个性感到害羞和不安。他们总想成为别的什么人，而不是他们自己。他们总是羡慕他人，模仿他人，总希望自己长得像别人，吃得像别人，住得像别人，甚至连言谈举止、说话腔调都要效仿他人。

在竞争激烈的时代，不展示自己的个性，不拿出点自己的绝活儿来，连生存都困难，更别谈发展和成功了。

卓别林在进入演艺圈的最初一段时间，煞费苦心地去模仿当时一个闻名遐迩的喜剧大师，结果自己始终默默无闻。后来，卓别林根据自己的特性创造出了自己的一套表演风格，从而成为有史以来最伟大的电影明星之一。

爱默生曾经说过："羡慕就是无知，模仿就是自杀。"无论是历史上，还是在现实生活中，不知道有多少天赋非凡的模仿者，由于遗忘或者故意掩饰自己的个性，最终都一事无成，沦为追随他人的牺牲品。

林秋伟在一家大型国企上班，一心一意想着升官发财，可是从青春年少熬到两鬓斑白，却还只是个小主管。他为此极不快乐，每次想起来就掉泪。有一天下班了，他心情不好没有回家，想想自己毫无成就的一生，越发伤心，竟然在办公室里号啕大哭起来。

这让同样没有下班回家的一位同事小李慌了手脚，小李大学毕业，刚刚到这里工作，人很热心。他见林秋伟伤心的样子，觉得很奇怪，就问他到底为什么难过。

林秋伟说："我怎么不难过？年轻的时候，总经理爱好文学，我便学着作诗、写文章，想不到刚觉得有点小成绩了，却又换了一位爱好科学的老总。我赶紧又改学数学、研究物理,不料老总嫌我学历太浅,不够老成,还是不重用我。后来换了现在这位老总,我自认文武兼备,人也老成了,谁知老总又喜欢青年才俊,我……我眼看年龄渐高,就要退休了,一事无成,怎么不难过?"

如果可以,谁都希望给所遇到的每一个人都留下良好印象,但是,没有必要为了迎合别人,而放弃自己的理想、原则、追求和个性。

当然,模仿别人并不是不可以。有时候,模仿一些成功者的想法和做法是十分必要的。但是,要根据自己的特性去模仿,在模仿的过程中融入一些真正属于自己的东西,否则,成功是不可能的。

生命的意义在于创新,人生的欢乐在于创造。首先必须和别人干得不一样,然后才能比别人干得好;必须为这个世界带来一些新的东西,才能获得成功。

你就是你,不是别人;你不需要成为别人,你也不可能成为别人。无论你想在哪个领域中获得成功,你都必须保持自己的本色,形成属于自己的风格。

毋庸置疑,保持和发挥自己的个性并不是轻而易举的。在你的生活和工作中,总有一些人会对你与众不同的个性看不惯,他们可能会劝告你,也可能会指责你,甚至还会打击你。故意与他人不一样虽然会取得一时的关注,但却会阻碍你成功。

正确的做法应当是:在无关紧要的地方,你不妨做出一些妥协和让步,以减少不必要的麻烦;而在决定成败、决定前途和命运的关键时刻,务必像雄狮和苍鹰那样独立,坚持自己的独特性,高扬自己的特性,决不为任何外在的压力所折服。

## 成为有品位的"高雅人"

　　雅与俗是评价一个人品位的通用标准。一个人的品位是高雅还是低俗,首先取决于他在这方面的价值观。只有在他对高雅的含义有一个清晰的界定后,他才能以此来要求自己做出高雅的事儿来。相反,那些低俗之人并不全是成心和自己的品位过不去,而是他们模糊了雅与俗的界限,误将低俗当高雅,结果使自己的品位变低。比如,有人在公共场所吸烟,其他人对此嗤之以鼻,而他本人却以为这是一件非常潇洒的事,自我感觉非常好。

　　那么,何为雅?何为俗?

　　俗的表现方式有很多。首先,吹毛求疵、嫉妒别人、对小事耿耿于怀、好冲动就是低俗的表现。这样的人总爱疑神疑鬼,当看到别人聚在一起谈论时,便以为是在谈论有关他的事情。有时他为了展现自己所谓的个性,常常弄出一些可笑的场面。而有品位的人则恰恰相反。有品位的人不会计较一些鸡毛蒜皮的小事,更不会怀疑自己受到了轻视或嘲笑,即便事实真的如此,他也会毫不在意,他宁愿保持沉默,尽量不与人争吵。低俗的人喜爱探听市井流言,纠缠于家庭琐事;高雅的人则不会蝇营狗苟,为家庭琐事而纠缠不清。

其次是语言的低俗。有品位的人对自己的语言是极其在意的。他们说话时谦虚有礼,而低俗的人却喜欢陈词滥调。他们经常说一些口头禅,会不分场合地胡乱使用,比如"气死了""丑死了"等。低俗的人有时还爱说一些晦涩难懂的词句,以显示自己与众不同。

拙劣的语言、不雅的行为是低俗的表现,而常与有品位的人士接触,则会改变一个人的言行举止。

一个人内在的德行和知识常会从他得体的衣着、优雅的风度上表现出来。衣着和风度的作用就像光泽之于钻石,不论钻石有多贵重,没有光泽也不会有人佩戴。在生意场上,风度举止尤其重要。如果一个人行动仓促匆忙,言语强硬粗俗,则会给对方造成不快,甚至会惹怒对方。这样的后果可想而知,生意是很难做的。

高品位的生活方式绝不是粗俗、浮躁之人所能做到的,它需要一种修养,也就是一种心灵的锤炼。

有了修养,一个人才能实现幸福、生命和价值的目标,才能对生命意义有一种全新的认知,才能成为一个高尚的人,一个纯粹的人,一个有价值的人,一个脱离了低级趣味的人。

对人生修养的认知,是超越世俗的人生观和价值观,以直观之心俯视人生,是孔子的"逝者如斯夫"的旷世凝思,是老子的"人法地,地法天,天法道,道法自然"的大智慧。

## 练就强者的风范

强者风范是自信的一种体现，是铁打不弯的精神气概，是一种力量美和沧桑美。

强者风范的内涵是顽强勇猛，坚毅果断，直而不肆，光而不耀。鲁迅说过，真的勇士，敢于直面惨淡的人生，敢于正视淋漓的鲜血。只有敢于面对现实、不屈不挠的人，才能铸就奋斗人生，练就强者风范。

霍英东这个名字人人皆知，在他名下有"立信建筑置业""信德""有荣"等60多家公司企业，经营范围涉及航运、房地产、石油、建筑、旅馆、百货等。他是香港知名实业家，香港中华总商会永远名誉会长。

霍英东并非出生于什么名门望族，原来他也是个穷人家的孩子，那么他是怎样创造今天这样的辉煌呢？

霍英东1923年生于香港，在香港长大。童年时，全家人常年漂在舢板之上。他7岁时，父亲因暴风雨死在海里，生活的重担从此压在他母亲肩上。迫于生活的压力，他们曾和许多穷房客共住在一层旧楼的大通间。母亲靠将煤灰转运到岸上的货仓养家糊口。为了供他上学，母亲和姐姐省吃俭用。据他回忆："当时我在学校勤奋读书，课余协助母亲记账、送发票。由于日夜奔忙和营养不良，一天下来已是精疲力尽。"

抗日战争的爆发使霍家生活更为艰难。无奈，霍英东放弃学业去当苦力。18岁那年，他找到了第一件差事，在轮渡上当加煤工，但由于工作不力被老板解雇。他还去日本人扩建的机场工地当过苦力，每天的报酬是半磅米和七角钱,每天只吃一块米糕和一碗粥,常常饿得头晕眼花。

有一天由于不慎,他的一个手指被一个50加仑的煤油桶生生砸断。工头可怜他,给他分配了一个较轻的工作,让他修理货车。后来他还当过铆钉工、制糖工等。但是,童年时的种种艰辛、生活的坎坷,培养了他自强不息的性格。

第二次世界大战结束后,当时的香港在运输方面有迫切需求。霍英东看准这个机会,在亲友的帮助下,抢购了一些廉价运输工具,转手便获利很多。后来,他在友人的资助下,开办舶运业务。由于善于经营和胆识过人,他的事业发展得很快,逐渐在香港航运界崭露头角。但他并不满足于运输业上的成就。他看到香港房地产业有巨大的发展潜力,便毅然向房地产业进军。1954年他筹建了"立信建筑置业公司",开始从事房地产业。公司发展速度惊人,创办不几年,便打破了香港房地产的销售纪录。同时他还开创了大楼分层预售的先例。

霍英东的事业虽然已经在多个行业获得成功,但他并没有裹足不前,而是继续向新领域进军。20世纪60年代初,淘沙这个行当很多人都不敢涉足,而霍英东却在1961年底,去英国考察途经曼谷时以120万港币购买了一艘大挖泥船,这艘船长约88米、载重10890吨。后来他将其改名编列为"有荣四号",他的淘沙事业从此有了长足的发展。他还派人去世界有名的造船厂家购买了一批专用机械淘沙船。经营上他颇有特点:不图一时之利,而是稳妥获利。房地产业上他亦是如此。建筑业主要原料之一的海沙也是有荣公司专门运输供应的。不久,他独得了香港海沙供应的专利权,成为香港淘沙业的头号大亨。仅仅2年多的时间,"有荣"业务便兴隆昌盛起来,大小船只 80~90 艘,挖泥淘沙专用船也有 12 艘以上。

香港回归后,他在内地投资,广州白天鹅宾馆以及中山温泉宾馆等就是他投资的,他对祖国建设事业的支持和帮助也赢得了很高的评价。无疑,敢冒风险和奋斗的性格特点,是他事业成功的重要因素。

没有人生来就是强者,也没有人注定不会成为强者。我们不要神化强者,以为自己成不了那种钢铁般坚强的人。其实,普通人所有的犹豫、顾虑、担忧、动摇、失望等,在一个强者的内心世界也都可能出现。鲁迅彷徨过,伽利略屈服过,哥白尼动摇过,奥斯特洛夫斯基想到过自杀,但这并不代表他们不是坚强刚毅的人。强者风范和懦弱心理之间并没有千里鸿沟,强人不是不软弱,只是他们能够战胜自己的软弱。

## 对修养进行必要的"缝补"

良好的修养是一种财富。对于有修养的人,所有的大门都向他们敞开。即使他们身无分文,也随处可以受到人们的热情款待。一个举止得体、谦和友善、助人为乐、颇具风度的人,在人生道路上必定是畅通无阻的。

如果我们在生活中养成了文明的举止习惯,就等于为自己开启了社交的大门，甚至成功的机会还可能主动找上门来。

巴黎有家"廉价商场"，店面很大，其员工数以千计，产品也应有尽有。这家商场有两个特点：一个是童叟无欺，不管谁来买，商品都是一个价，且价格都很低；另一个是他们非常注重自己员工的素质，员工必须尽一切努力做到让顾客满意。凡是其他商店能做到的，他们都必须做到，还要做得更好。这样，他们就给每一个来过"廉价商场"的顾客都留下了好的印象。因此，这个商店的生意蒸蒸日上。

有一个贫穷的牧师，他的经历相当奇特。有一天，他在教堂门口看到几个小青年在捉弄两个身着古旧样式衣服的老妇人。他们的嘲笑使老妇人非常窘迫，以致不敢踏进教堂。牧师见后主动带着她们走到里面坐了下来。两个老妇人尽管和这个牧师素不相识，但之后却把一笔很大的财产留给了他，他的好心得到了好报。

修养也能收获友善。有了它就像有了通行证一样，随处畅通无阻。有修养的人在哪里都能让人感到阳光般的温暖，处处受人欢迎。因为他们带来的是光明、是温暖、是欢乐。一切妒忌、卑劣的心理，遇到他们自然也就会举手投降了，你想，蜜蜂又怎会去蜇一个浑身沾满蜂蜜的人呢？

英国政治家柴斯特·菲尔德说："一个人只要自身有修养，不管别人的举止多么不恰当，都不能伤他一根毫毛，他自然就给人一种凛然不可侵犯的尊严，会受到所有人的尊重；而没有教养的人，容易让人生出鄙视的心理。"

说到这里，不禁想起一个故事：

有位男士非常向往绅士风度，于是他来到一个高级会所，希望能够有所收益。

刚刚进门，一位女侍应生由于走得急，不小心将托盘中的酒洒到了他的礼服上。这位男士眼见自己新做的礼服被弄脏，不禁怒由心生，破口大骂："浑蛋！你走路没长眼睛啊！竟然弄脏了我的礼服！真倒霉！"

尽管女侍应生一再道歉，但该男士依旧不依不饶，骂个不停，弄得那女侍应生眼泪在眼眶中直打转。这时，会所的女主管走了过来，说道："先生，真对不起，她是刚来的，不懂规矩，我代她给您道歉。"

"道歉？！道歉就能让我的礼服变干净吗？它可足足花了我半个月的工资！"说着，该男士又骂了起来。

片刻之后，女主管问道："先生，请问您来这里是做什么的呢？"

"我是来学绅士风度的，谁知道遇上这么个不长眼睛的，真倒霉！"

"那么，我来教您吧。"女主管说着，走到一位正在谈话的男士身边，故意将酒洒在了对方的礼服上。

"哦，先生对不起，我不是有意的。"

对方连忙起身，对女主管施了一礼，关心地问道："我没有吓到您吧？"

女主管转向骂人的男士："你看，这就是绅士风度！"

那位男士满脸羞红，逃也似的走出了会所。

当别人无意冒犯你时，你是"得理不饶人"，还是一笑了之？请一定要慎重选择哦！因为这足以体现你的风度。

诚然，装扮得漂亮的确是一件好事，会引来大家的交口称赞。但这种外在美毕竟是比较低层次的美，它不应该妨碍我们去追求真正生活中更高层次的美。一些人错误地将大部分精力、大部分时间以及大部分收入都花在了衣着上，却大大忽略了内心的修炼，忽略了他人的感受。这种注重外在胜于内在的行为是很不可取的。

要知道，良好的举止足以弥补一些不足。通常，一个人最吸引别人的，不只是容貌的魅力，更是举止的优雅。古时候，希腊人认为美貌是上帝的特殊恩宠，但同时，如果一个具有美貌的人没有美丽的内在，就不值得我们欣赏了。在古希腊人的心目中，外在的美貌其实是内在的美好气质的反映，这些气质包括和善、自信、宽厚和包容等。米拉波是一个有名的政治家，据说他长相难看，但却没有人不被他的风度所折服。

性格的美就如艺术的美，在于它少有棱角，线条始终保持柔和。有很多人欠缺心灵之美，正是由于个性中存在的棱角太多。无论有什么样出色的品质，一旦表现出粗暴、唐突、不合时宜，给人印象就大打折扣。而事实上，只要我们多加注意自身的言行举止，一切都不是问题。

亚里士多德曾描述过一个真正具有教养的绅士："无论身处顺境、逆境，一个宽宏大量的人都会行事适度。他不期望人们的欢呼喝彩，也不让别人对他嘲弄贬低；成功的时候不会得意忘形，遭受了失败也不愁眉苦脸。他不会去做无谓的冒险，不会随随便便谈论自己或者别人；他不在意别人的诽谤，也不会委曲求全。"

真正有教养的人就应当表里如一。宝石上光之后尽管更亮，但首先它必须是颗宝石。而一个真正懂得做人的智者是举止温文尔雅、谦逊知礼、不会轻易动怒、更不会主动挑衅的人。他从不恶意猜测别人，更不用说自己会去做罪恶的事了。他努力克制欲望，提高自身品位，出言谨慎，尊重他人。他可能会失去一些东西，但绝不会失掉勇气、乐观、希望、德行和自尊。即使他可能暂时失意、贫穷，他仍然是一个富有的人。

## 用礼仪保持形象吸引力

不论对待任何人，以礼待人，恭礼有加，恰到好处，就没有怨恨，久而久之必然使人自服，这样始终以礼服人，恭敬无礼则徒劳，谨慎无礼则畏惧，勇猛无礼则谋乱，正直无礼则绞乱。如果你对人无礼，对方就会以耻于人的无礼加于你。施礼于人的人自礼，怠慢于人的人自慢，讨厌他们的人自恶，尊敬他人的人自尊。凡是你加给别人的东西，人们自然会反加于自己。

日本的东芝公司是一家著名的大型企业，已经有90多年的历史，拥有员工8万多人。不过，东芝公司也曾一度陷入困境，土光敏夫就是在这个时候出任董事长的。他决心振兴企业，而秘密武器之一就是"礼遇"部属。身为偌大一个公司的董事长，他毫无架子，经常不带秘书，一个人步行到工厂车间与工人聊天，听取他们的意见。更妙的是，他常常提着酒瓶去慰劳职工，与他们共饮。对此，员工们开始都感到很吃惊，不知所措。渐渐地，员工们都愿意和他亲近，他赢得公司上下的好评。他们认为，土光敏夫董事长和蔼可亲，有人情味，他们更应该努力，竭力效忠。因此，土光敏夫上任不久，公司的效益就大幅提高，两年内就把亏损严重、日暮途穷的公司重新支撑起来，使东芝成为日本最优秀的公司之一。可见，礼，不仅是调节领导之间关系的纽带，也是调解上下级之间关系，甚至是和一线工人之间关系的纽带。

无疑，与人为善、坦诚待人、谦恭有礼，是土光敏夫成功的法宝之一。而他真正高明之处，在于巧妙地将几者融为一身，形成了自己与人交往的风格。正是这种融为一体的风格，才使他在复杂的商海中游刃有余，成了一位魅力与实力并存的人物。

礼多人不怪。有句古老的格言是这么说的：只有能赢得民心的国王，才会拥有最安泰的国家，才是持续保有权力的国王。大臣的衷心诚服，强过任何的武器；而大臣的忠诚与敬爱，比任何武器更有功效。我辈凡人的情形亦同，能赢得人心便可说是掌握了无与伦比的力量。

不能和悦地对待身份地位比自己低的人，且一味地将注意力倾注于位高权重的人身上，如此的态度，是不会受到属下拥戴的。事实上，土光敏夫在年轻时也曾如此。忽略了基层员工，认为他们微不足道，以为对待他们，即便是一般的礼仪也多余。

此种行为的结果，使土光敏夫树立了许多敌人。正是这些被他看不起的人，每每在他即将获得成功的时候给他致命的一击，使大家对他的评价一直向下滑。这些经历给了土光敏夫很大触动，使他认识到无论彼此的关系如何，都必须保持礼节。从此以后，他便一直把这个"礼"字记在了心上。

# 让对手也能看到你的风度

1991年11月3日夜，美国大选结果揭晓。当选总统克林顿在竞选总部楼前他的支持者们的聚会上即席演说，先是言辞恳切地感谢昨天还在互相唇枪舌剑、猛烈攻击的主要政敌现任总统老布什，感谢老布什从一名战士到一位总统期间为美国做出的杰出贡献，并呼吁老布什和另一位对手佩罗及其支持者与他团结合作，在未来4年重造美国，在全面振兴美国的大变革中继续忠诚地服务全美。

而远在异地的老布什则打电话祝贺克林顿成功地完成了一场"强有力的竞选"，还调侃地告诫克林顿："白宫是个累人的地方。"并保证他本人和白宫各级人士将全力以赴地与克林顿的班子合作，顺利完成交接工作。与此同时，与老布什连任的搭档副总统丹·奎尔也在他的家乡高呼："感谢印第安纳，我还会再回来的。"

竞选的成功与失败，对于他们来说，喜悦与失落都是不言而喻的。但在现实面前，他们还是保持了理智，表现了风度。

在这个社会，充满竞争和斗争都是我们无法逃避的现实。如果在竞争中你失败了，那是极为正常的事。如果你在失败之后对对手怀恨在心，并伺机报复，对你自己并没有任何好处。

人和动物是不同的，动物的所有行为都依其本性而发，属于本性的反应；但人不同，人可以具体问题具体分析，从而做出行为选择。例如，面对失败，还能对你的对手表现出大将风度，这是件很难的事，因为绝大部分人看到"敌人"，都会有灭之而后快的冲动，也许环境不允许或没有能力消灭对方，但至少也会保持一种冷淡的态度，或说说让对方不舒服的嘲讽话，可见要表现一种大将风度是多么难。

就因为难，所以人的境界才有高下之分，成就才有大小之分。也就是说，能当众祝福敌人的人，他的成就往往比不能爱敌人的人高。

能爱自己敌人的人是站在主动地位的人，采取主动的人是"制人而不受制于人"。你采取主动，不仅迷惑了对方，使对方搞不清你对他的态度，也迷惑了第三者，你的主动使对方处于"接招""应战"的被动态势。如果对方不能也"爱"你，那么他将得到一个"没有器量"的评语，一经比较，二人的分量立即有轻有重。所以当众祝福你的敌人，除了可在某种程度上降低对方对你的敌意之外，也可弱化对方在你心目中的敌意。

此外，你的行为也将使对方失去对你攻击的理由，若他不理你的祝福而依旧攻击你，那么他必受到他人谴责。

可见，面对对手表示你的友好是多么绝妙的一招棋。适当地表现你的友好是一种可进可退的竞争法则，也显示了你过人的风度。所以，不要让对手看到你因愤怒而失礼的那一面。如果是那样，你在气势上就先输给了对方。

第二章

# 升 品

## 培养与众不同的魅力品格

在人类文明中，存在着一些历久弥坚的优秀品质，它们超越时代，不断地引导着人们走向成功和幸福。人生的成功和幸福，最可靠的途径，就是遵循皆可成金的优秀品质。这些品质说起来很简单，却不容易做到，即使做到也不容易坚持。

## 诚信是永不过时的品格

伟大的人格，重要的是一个"诚"字。信用是现代社会不可或缺的一种个人无形资产。诚信的约束不仅来自外界，更来自我们的自律心态和自身的道德力量。

韩国现代企业集团的创始人郑周永，是世界闻名的大财阀。然而，朝鲜战争期间，正当他将要在韩国的建设行业中崭露头角、事业有了起色之时，意外的打击无情地降临到他的头上。

当时，郑周永的现代土建社承包了一座大桥的修建工程。由于战时物价上涨，开工不到两年，工程费总额竟比签约承包时高出了7倍。在这严峻的时刻，有人好心地劝阻郑周永，赶紧停止施工，以免遭受进一步的损失。但郑周永另有一番想法：金钱损失事小，维护信誉事大。于是鼓起勇气，毅然决定：为了保住现代土建社的信誉，宁可赔本甚至破产也要按时把工程拿下来。结果，现代土建社付出了巨大的代价，终于按时完工，保质保量地按时交付使用。

郑周永这回虽然损失惨重，以致濒临破产，但也因此树起了恪守信用的形象，赢得了人们的信任，生意一个接一个地找上门来。不久，他投标承包了当时韩国的四大建设项目：朝兴土建、大业、兴和工作所和中央产业，承建了汉江大桥的第一期工程。接着，又继续承建了江汉大桥的第二、第三期工程。光是汉江大桥这3项重大工程就前后花了整整10年的时间，它不仅使郑周永的"现代土建设"赚得了丰厚的利润，而且压倒了同行对手，一跃成为韩国建筑行业的霸主。

商人要想使自己的事业有大的发展，必须讲商业道德，以德为本。郑周永宁输老本，也不输信誉，他的生意越做越兴隆。

诚实、守信不仅对于商人是至关重要的，而且它也是衡量一个人品德是否良好的一个标准。良好的个人修养不但能促进个人在事业上的进步，而且能够为成功者创造有利的外部环境。无数成功者的经历表明，诚实、正派是赢得他人信任的前提，人格力量是事业成功的最可靠的资本。

# 培养果敢无畏的领袖品质

快速的决策和超常的胆量是许多成功人士所必备的素质，因为其深刻地意识到优柔寡断的个性只能带来灾难性的后果。那些总是摇摆不定、犹豫不决的人注定走向失败，他们最终将一事无成。

对于一个志在成功的人来说，这一点尤其重要。

有一位在一家公司担任要职的先生，一直以来工作很投入、很卖力，成绩突出，因此深受上级的赏识，不断地被提拔并被委以新的重任。上任伊始，他就面临着许多重要的工作，有些是自己没有经历过的，但他不畏惧，非常努力地工作着。什么事都亲力亲为，唯恐事情办不好。

即使这样，需要处理的问题在他案头仍然堆积成山，这倒不是因为他办事效率低，而是有些问题他拿不定主意，便希望放一段时间，等事态更明朗一些再做决定。

所以，许多需要解决的、十万火急的问题就渐渐地在他的案头堆积下来，老板和同事在看他时，眼光都有些异样。大家对他的评价，也逐渐由赞扬、欣赏转为了办事拖沓、优柔寡断。他为此感到困扰和痛苦，导致夜不能寐，烦躁不安，工作效率也开始下降。无疑，这种情况更加重了他的担心和恐惧，慢慢地当面对未解决的问题时，他感到更加左右为难，难以做出正确的抉择。

令他觉得心里不平衡的是，他办事的出发点是想再等等看，观察事情有何变化后再做决定，没想到，大家的评价竟是"优柔寡断"。

虽然他从不担心会把事情搞糟，但是，有时候他也会担心没有把事情做得更好。

他一旦发觉自己某方面的工作有可能做得不尽如人意时，则焦虑不安，久而久之，变得前怕狼后怕虎，失去了创业初期那种"初生牛犊不怕虎"的气势，事业开始走下坡路，焦虑症状产生了，一连串的生理、心理疾病就不免产生了。

这位先生想让事态变得更明朗时才做决策，以避免后悔，原本有一定的道理，但在瞬息万变的现代社会，机会是稍纵即逝的，所谓"机不可失，时不再来"就是这个道理，而他在等待与拖延中极有可能白白错过机会。更何况，公司的工作有一定流程与安排，他的这种解决问题的办法的确会贻误"战机"。

优柔寡断是做人与做事的大忌。一个人做事不能左右摇摆，凡事试图面面俱到，是不可能的。万事都追求平衡是抓不住事情的关键的。决策最好是决定性的、不可更改的，一旦做出之后就要倾尽所有的力量去执行，就算有时候会犯错，也比那种事事求平衡、总是思来想去和拖延不决的习惯要好。当我们致力于养成一种快速决策的习惯时，哪怕在最初考虑不是略显周全，它也会增强做出判断信心。

数不胜数的成功者就是因为在某个关键点上，冒着巨大的风险，快速地做出决定，从而彻底地改变了自己的人生境遇，彰显了自己的魅力。而成千上万的人之所以在人生的"战场"上溃败而归，仅仅是因为耽搁和延误。

果敢的品质无论是对领导者,还是对普通人;无论是对于工作,还是对于生活和学习,都是至关重要的。

美国前总统林肯在安特塔姆战役刚刚结束后就对国会说:"宣布解放奴隶法的时刻已经到了,不能再拖延下去了。"他认为,公众将会支持这一法令,并且他还对上帝发誓,自己一定会采纳这一政策。他庄严地宣誓,如果李将军被赶出宾夕法尼亚州的话,他将以解放奴隶来表彰这一胜利。

果敢的品质让人受益无穷。也许一开始,你的决断不免有错误,但是,你从中得到的经验和益处,足以补偿你因错误而蒙受的损失。更为重要的是,你在关键时刻做出决断的自信,会赢得他人的信任。拿破仑在紧急情况下总是能够立即采取自己认为最明智的做法,而牺牲其他所有可能的计划和目标,因为他不允许其他的计划和目标不断地扰乱自己的思维和行动。这是一种有效的方法,充分体现了勇敢决断的力量。换句话说,也就是要立即选择最明智的做法和计划,而放弃其他所有的行动方案。

志在成功的人,必须具备这种果断的做事方法和魄力。你可能做不成领袖,但这种领袖的气质,对你是大有裨益的。

## 必须敢想敢干,敢做敢为

一位年轻的医生经过长期的学习和研究,碰到了一次复杂的手术。主治医生不在,时间又非常紧迫,病人处在生死关头。他能否经得起考验,他能否代替主治大夫的位置和工作?表现的机会稍纵即逝。他是否敢拿稳手术刀自信地走向手术台,走上幸运和荣誉的道路?这都必须要他自己做出回答。

在人生的路上,我们也会遇到年轻医生类似的问题,当重大的时机来临时,你能够勇敢做出决定吗?如果你不能,在机会面前你只会手足无措。

拿破仑问那些被派去探测死亡之路的工程技术人员:"从这条路走过去可能吗?""也许吧。"回答是不够肯定的,"它在可能的边缘。""那么,前进!"拿破仑不理会工程人员讲的困难,下定了决心。

出发前,所有的士兵和装备都经过严格细心的检查。开口的鞋、有洞的袜子、破旧的衣服、坏了的武器,都马上修补和更换。一切准备就绪,然后部队才前进。统帅胜券在握的精神鼓舞着战士们。

战士们出现在阿尔卑斯山高高的陡壁上,在高山的云雾中若隐若现。每当军队遇到意料不到的困难的时候,嘹亮的冲锋号就会响彻云霄。尽管在这危险的攀登中到处充满了障碍,但是他们一点也不乱,也没有一个人掉队!4天之后,这支部队突然出现在意大利平原。

当这"不可能"的事情完成之后，其他人才意识到，这件事其实是可以办到的。许多统帅都拥有必要的设备、工具和强壮的士兵，但是他们缺少尝试的勇气和信心，缺少敢闯敢干的劲头。而拿破仑不怕困难，在前进中果断地抓住了自己的时机。

善于为自己找托词的人把失败归罪于没有机会，但无数成功的事例告诉我们：机会掌握在自己手中。当机会到来的时候，你要果断地抓住它，只要义无反顾从容面对挑战，你就会像那些屹立在阿尔卑斯山上的士兵一样，傲然屹立于自己的人生顶峰。

有些人奇怪，许多人学识渊博，技术高超，脑子灵活，点子多，但就是富不起来，其原因则是他们缺乏胆量、不敢冒险。明明看准的机遇，却不敢下决心去干，明明想好的点子，却不敢付诸实践。总是犹犹豫豫，优柔寡断，前怕狼后怕虎，最终想得多，干得少，成了思想的巨人、行动的矮子，这种人也很难成功。

敢想敢干，敢作敢为，这是成功致富必备的魄力！许多人也想致富，也能敏锐地发现致富的机会，但就是不敢行动，害怕失败，不能果断地抓住机遇，结果一个个致富的机会从他们身边溜走。无数成功致富者的实践都证明了，有胆有识的人，才有旺盛的进取心和强烈的斗志，才能勇于创新，才能果断决策，从而走上致富之路。

## 有担当才有成功的可能

有两种人绝对不会成功：一种是除非别人要他做，否则绝不会主动负责的人；另一种则是别人即使让他做，他也做不好的人。而那些不需要别人吩咐就能主动做事且韧性十足的人，除非遭遇了什么不可抗因素，否则他们一定会比绝大多数人更卓越。

主动、负责具有非常强大的力量，它可以使人赢得尊重和信任，从而强化人际关系；它可以使人赢得机会的青睐，从而扭转向下的人生轨迹；更重要的是，它可以改变平庸的生活，使一个人变得杰出优秀。

有一位成绩出色的研究生，刚刚毕业就被分配到了一个火箭研究机构工作。当时，研究所正好接了一个新科研项目——让卫星起旋后再脱离火箭。这个项目非常有难度，此前，国内从未尝试过这种方式，国外倒是有所尝试，但大多以失败收场。

在一次论证会上，有位权威专家提出了一个可行性方案。不过，在"满足入轨精度"的问题上，还需要做进一步论证。这时，整个会场陷入了一片沉默之中。而坐在后排旁听的他突然说道："可以用计算机计算一下！"霎时，所有人的目光全部聚集到了他的身上，主持会议的领导当场问他："你来干行不行？"

就这样，原本只是在地面负责"拧螺丝钉"的菜鸟一下子成了项目的挑大梁者。过了一年多的时间，卫星按照他的方案发射成功。

后来有人问他:"如果当初没有主动揽下不属于分内的工作,你现在会怎样?"

他笑了笑回答:"肯定不会是现在这个样子,说不好开会时还在后排旁听呢!"

有的人没有得到提拔,并不是因为没有本领或者得不到机会的眷顾,而是因为在关键时刻不敢去露一手。他们没有胆量,自信心不足,或者认为是分外之事而不去插手,结果坐失良机。人生,只有磨砺过才有光泽,只有承担过才显厚重。正是有了担当,人生的意义更显非凡。敢担当、会担当的人,会把分内事做到使人满意,把分外事做到让人惊喜,他们因而会被赋予更多的使命,也才有资格获得更大的荣誉。而一个缺乏主动性、没有责任感的人,首先失去的是社会对自己的基本认可,其次失去了别人对自己的信任与尊重,甚至也失去了自身的立命之本——信誉和尊严,这样的人,能力再强也无用武之地。

进入21世纪,社会对我们提出了更高的要求,每一个想要有所进步的人,必须具备良好的道德、忠诚度、专业技能……即,必须在综合素质方面表现突出。倘若你无法做到,很遗憾,你的职业发展必然会遭遇桎梏,你永远也不会得到成功!反之,如果你能够承担起自己的职责,在工作中积极进取,恪守职业道德,你就会成为一名不可替代的人才,你的价值、薪金、职位、影响力等,都会随之得到大幅提升。如此一来,你必然能够更快捷地实现自己的人生目标。

## 自己的事业要自己拍板

很多人，从小就被父母构建起的牢笼给困住了，父母一直是这样告诉我们的：男人要成功，要挣大钱，出人头地、衣锦还乡；女人要找个好归宿，做个好妻子、好妈妈、好儿媳，贤惠端庄、相夫教子。这本没有什么不妥，只是我们因此习惯性地被"父母之命"束缚住了，因而从填写高考志愿到找工作、从谈恋爱到结婚，几乎都是由父母安排。由此可能带来的后果是：你一直在从事着一项自己并不喜欢的工作，枯燥无味；你嫁或娶了一个自己并不想嫁或娶的人，同床异梦。当然，还有更多，你可能习惯了由别人替你做主，可能是你的父母爱人、上司、同事、朋友，甚至有可能是你的孩子。可是，人生是你自己的，道路也是你自己的，怎样走是你自己的事，如果你把决定权交给了别人，就等于放弃了对自己人生的控制权，这不但愚蠢，而且还很危险。

里根小的时候到鞋店做鞋，鞋匠问他："要方头的还是圆头的？"里根竟一时回答不上来，踌躇着：是方头好还是圆头好呢？就这样过了几天，他仍然没有做出决定。这时鞋匠说："我知道了！"里根想，鞋匠一定比我更清楚，什么样的鞋子更好看，就让他来做决定吧。可是取鞋的时候，里根发现，鞋子一只是方头的，一只是圆头的。鞋匠语重心长地对他说："孩子，这是给你的一个教训，千万不要让人替你决定。"里根后来回忆说："从那以后我知道，把决定权拱手让人，一旦决策失误，后悔的是自己。"

自己的事情就应该自己拿主意,当别人替你做出错误决定的时候,受害者就会是自己。记住:一定要去尝试自己想要尝试的东西。相信自己的直觉,不要让别人的答案扰乱你的计划。如果自己感觉很好,就跟着感觉走吧,否则你永远不会知道结局有多么美好。不要让别人的议论淹没你内心的声音、你的想法和你的直觉。因为它们才是最重要的,别的一切都是次要的。

美国著名女演员索尼亚·斯米茨的童年,是在加拿大渥太华郊外的一个奶牛场里度过的。当时,她在农场附近的一所小学里读书。有一天,她回家后很委屈地哭了,父亲问她原因,她断断续续地说:"班里一个女生说我长得很丑,还说我跑步的姿势难看。"父亲听后,先是微笑,过了一会儿,忽然说:"我能摸得着咱家天花板。"

索尼亚忘记了哭泣,仰头看看天花板。将近4米高的天花板,父亲怎么能够摸得到?她怎么也不相信。父亲笑了笑,意味深长地说:"不信吧?那你也别信那女孩的话,因为有些人说的并不是事实!"

索尼亚明白了,不能太在意别人说什么,要自己拿主意!

她在二十四五岁的时候,已是个颇有名气的演员了。有一次,她要去参加一个集会,但经纪人告诉她,因为天气不好,只有很少人参加这次集会,会场的气氛有些冷淡。经纪人的意思是,索尼亚刚出名,应该把时间花在一些大型的活动上,以增加自身的名气。索尼亚坚持要参加这个集会,因为她在报上承诺过要去参加,"我一定要兑现诺言"。结果,那次在雨中的集会,因为有了索尼亚的参加,广场上的人越来越多,她的名气和人气因此骤升。

后来,她又自己做主,离开加拿大去美国演戏,从而闻名全球。

不要让别人替你做决定,你的人生只能由自己负责,而且是负全责。不要总是让别人替你做主,包括你的父母,因为一旦你为别人的看法所左右时,你已沦为别人的奴隶。永远做自己的主人,这样才能做到自尊自爱。

## 增强自己的"挫折免疫力"

我们都看过拳击比赛:拳击手在赛场上,倒地的一瞬间,满目都是观众的嘲笑,满心都是失败的耻辱,他趴在那里,头晕眼花,根本不想再动弹。裁判不停地数着1、2、3、4……但是,倘若还有一丝力气,不等裁判数完,他一定会站起来,拍拍身上的灰尘,振作疲惫的精神,重新投入战斗之中。这是拳击运动员的职业精神,没有这种精神,实力再强,也成不了合格的运动员。

其实,人生有时真的就像一场拳击赛。在人生的赛场上,当我们被突如其来的"灾难"击倒时,有些灰心、有些丧气实属正常,我们或许也躺在那里一度不想动弹,是的,我们需要时间恢复神智和心力。

但只要恢复了，哪怕是稍稍恢复了，我们就应该爬起来，即便有可能再次被击倒，也要义无反顾地爬起来，纵然会被击倒100次，也要爬起来。因为不爬起来，我们就永远输了；再爬起来，就还有转败为胜的希望。

换而言之，我们应该像拳击运动员那样，只能被击倒身体，但精神必须屹立。其实生活就是一面镜子，你对着它哭，它也对你哭；你对着它笑，它也对你笑。跌倒了，我们只要能够爬起来，就谈不上失败，坚持下去，就有可能成功。人这一生，不能俯首听命，任凭它的摆布。等年老的时候，回首往事，我们就会发觉，命运只有一半在上天的手里，而另一半则由自己掌握，而我们要做的就是——好好利用手里所拥有的。我们的努力越超常，手里掌握的那一半就越庞大，获得的也就越丰硕。

曾听人讲过这样一件事：在经济危机大潮的冲击下，山城一家纺织厂因效益不好，决定让一批人下岗。在这一批下岗人员中有两位女性，她们的年龄都在40岁左右，一位是大学毕业生，工厂的工程师，另一位则是普通女工。就智商而论，这位工程师无疑要胜过那位普通工人，然而，在下岗这件事上，她们的心态却大不一样，而正是不同的心态决定了她们以后不同的命运。

女工程师下岗了！这成了全厂的一个热门话题，人们议论着、嘀咕着。女工程师对人生的这一变化深怀怨恨。她愤怒过、骂过，也吵过，但都无济于事。因为下岗人员的数目还在不断增加，别的工程师也下岗了。尽管如此，她的心里却仍不平衡，她始终觉得下岗是一件丢人的事。

她整天都闷闷不乐地待在家里，不愿出门见人，更没想到要重新开始自己的人生，孤独而忧郁充斥着她全部的大脑，连她的智商也受到影响。她本来就血压高，身体弱，再加上下岗的打击，没过多久，她就被忧郁打败，孤寂地离开了人世。

而那位普通女工的心态却大不一样，她很快就从下岗的阴影里走了出来。她想别人既然能生活下去，自己也能生活下去。从此以后，她的内心没有了抱怨和焦虑，她平心静气地接受了现实，并在亲戚朋友的支持下开起了一家小小的火锅店。由于她的努力经营，火锅店生意十分红火，仅一年多，她就还清了借款。现在她的火锅店的规模已扩大了几倍，成了山城里小有名气的餐馆，她自己也过上了比在工厂时更好的生活。

你们看，一个是智商高的工程师，一个是智商一般的普通女工，她们都曾面临着同样的困境——下岗，但为什么她们的命运却迥然不同呢？原因就在于她们各自的心态不同。

这位女工程师始终让自己处在忧郁之中，这样的心态使得她对自己的人生不可能做出一个理智的评价，更不可能重新扬起生活的风帆。她完完全全沉溺在自己的不幸之中。一个人一旦有了这样的心态，其智商就犹如明亮的镜子蒙上了一层厚厚的灰，根本就不可能映照万物。所以，尽管女工程师的智商高，但在面对生活的变化时，她的心态却阻碍了智商的发挥。不仅如此，她的心态还把她引向了毁灭，那位普通女工的智商虽然一般，但她平和的心态不仅使自己的智商得到了淋漓尽致的发挥，而且还使其以后的生活更加幸福。

人不怕跌倒，就怕一跌不起，这也是成功者与失败者的区别所在。在这个世界上，最不值得同情的人就是被失败打垮的人，一个否定自己的人有什么资格要求别人的肯定？自我放弃的人是这个世界上最可怜的人，因为他们的内心一直被自轻自贱的毒蛇噬咬，不仅失去了心灵的新鲜血液，而且丧失了拼搏的勇气，更可悲的是，他们的心中已经被注入了厌世和绝望的毒液，导致原本健康的心灵逐渐枯萎。

想要人生精彩，就不要轻易否定自己，不要怯于接受挑战，只要开始行动，就不会太晚；只要去做，就有成功的可能。世上能打败我们的，其实只有我们自己，成功的门一直虚掩着，除非我们认为自己不能成功，它才会关闭，只要我们觉得还有可能，那么一切就皆有可能。

## 专注于自己选择的那条路

"股神"巴菲特有一句名言："如果你持有一只股票没有10年的准备，那么连10分钟都不要持有。"说的就是专注的问题。我们都特别迷信一些天才，在各方面都很出色。但是，首先你应该明白，无论是谁，每次也只专注于一件事。

很多所谓的成功人士，也并非我们想象的全才，都有他们的弱项。

他们之所以成功，也并非他们是天才，而是因为他们在自己所从事的事情上做到了专注。专注自己脚下的路，往往会让一个人充满力量，这种力量能够帮助他克服很多的困难。

嘉信理财的董事长施瓦布从小文科成绩都是"大红灯笼高高挂"。他的读写速度很慢，英文课需要阅读经典名著时，只能从漫画版本下手。但是施瓦布后来凭借优异的数理成绩，进入美国名校斯坦福大学就读。他发现商业课程对他而言比较容易，于是选择经济为主修，在英文及法文仍然不及格的情况下，投注全力于商学领域，获得MBA学位。毕业时，他向叔叔借了10万美元，开始自己的事业。1974年，他于旧金山创立的公司，如今已名列《财富》杂志500家大企业，拥有26000多名员工。

事到如今，施瓦布的读写能力仍然不怎么样，但是他却能够成功，原因很简单，就是因为他专注于自己喜欢的事情，专注于脚下自己选择的道路，这样一来，他的成功也就成为生命中的必然。

在通往成功的路上，人可能会受到各种各样的诱惑，如果不能做到专心则很难做好一件事。这时候，就需要我们主动忍受寂寞，寂寞中，我们更容易一心一意，排除干扰，专注于我们正在从事的事情，就能获得成功。

一对农村夫妇老来得子，所以对孩子宠爱有加，在蜜罐中长大的儿子养成了一意孤行的脾性，做事毛毛糙糙，就连走路也走不好，时常跌进水田里。这让望子成龙的父母忧心忡忡。儿子长到7岁，和其他孩子一样上了小学。顽皮的小男孩总是喜欢走路时东张西望，不是弄湿了鞋子，就是弄脏裤子。弄得他母亲整日跟在他后面洗，也不能保证这孩子衣服的干净。

有一天，孩子的父亲为了教育儿子，于是带一把铁锹去儿子上学必经的田埂上，在上面断断续续地挖了十几道缺口，然后用棍棒搭成一座座小桥，要想通过这个田埂必须小心谨慎专心致志。那天放学，儿子走在田埂上，看面前一下子多出了这么多小桥，非常意外。开始考虑是走过去，还是停下来哭泣？四顾无人，哭天天不应，叫地地不语。最终他只好选择走过去。当背着书包的他晃晃悠悠地通过小桥时，惊出一身冷汗。不过，这一次，他没有弄湿鞋子，也没有弄脏衣服。

吃饭时，小男孩跟父亲讲了今天走过一座座小桥的经历，脸上满是得意的神色，很是神气。父亲坐在一旁，夸他勇敢。打那以后，他上学的路上再不像以前那样东张西望了。孩子的母亲对丈夫的举措有些不解，丈夫说："平坦的道上，他心无挂碍，所以左顾右盼，当然走不好路；坎坷的路途，为了防止出差错，他的双眼必须盯着路，所以走得比以前平稳。"

专注自己脚下的路，做好自己手中的事情，成功有时就是这样简单。坚持做好自己手上的事情，专注自己脚下的道路，总有一天我们会发现，潺潺的小溪已汇成奔腾的江海，稚嫩的幼芽已长成可以遮阴的大树，无数的碎石已铺成宽广的大路，自己已经成为一个成功的人。

在这个美丽的世界上，你会拥有什么样的生活呢？要知道，你脚下是什么样的路，你就拥有什么样的生活。所以说，不管在什么时候，都要学会坚持，坚持自己脚下的路，只有坚持下去，才能够让你拥有更多的成功。专注自己的选择，你会发现自己的人生会像彩虹一样绚丽多姿。

# 第三章

# 转　性

## 修补性格体系的致命缺陷

客观地说，性格没有好坏之分，每个人的性格都有好的一面，也有不好的一面，关键是，我们怎么去运用性格。我们应该努力学习、借鉴成功者的经验，努力向成功型性格靠拢，这样每一种性格的人都可以成功。

## 远离懒惰

懒惰是导致生命失去创造力的最重要因素之一。一个人若是慵懒成性，那么无疑是在浪费生命。这样的人行动不积极、讨厌做决定、想方设法逃避本应承担的责任，而他们惯用的伎俩便是——借口；他们最常见的行为便是——拖延！而拖延更是会带来无法挽回的损失。

小时候听过一个关于懒惰的故事，故事是这样的：

有个年轻人，非常懒惰，衣来才伸手，饭来才张口。有一天，他的父母有重要的事情要出远门，他因为懒惰不愿同行，这下没人照顾他了。怎么办呢？聪明的母亲想了一个办法，做了一张很大的饼，在饼中间挖了一个洞，正好可以套在儿子脖子上。这样一来，儿子如果饿了，既不用自己做，也不用自己动手拿，只一低头就可以吃到了。因为没有了后顾之忧，夫妻俩安心地上路了，谁承想，当他们回来时，儿子竟然死了。

原来，这个懒得出奇的人只把自己嘴边的那一块啃完了，就懒得再转动一下饼，结果被活活饿死了。

这是个夸张的故事，但很有内涵，它深刻讽刺了那些懒惰之人。懒惰之人，一直固执于自己的惰性，固守着一成不变的生活，以至形成惯性思维，只知安于现状，却不肯勤奋一点，对自己的生活做出改变，结果导致自己的人生停顿不前，逐渐被社会所淘汰。

很久以前，武夷山上有两块大石，它们相伴千载，看尽人世沧桑、六道轮回。

一天，一块石头对另一块说："不如我们去尘世磨炼磨炼吧，体验一下世间的坎坷及磕碰，也不枉来此世一遭。"

后者不屑："何必去受那份苦呢？在此凭高远眺，数不尽的美景尽收眼底，青山翠柏、香茗异草陪伴身旁，何等惬意！再说，这一路碰撞不断、磨难重重，会令我们粉身碎骨的！"

于是，前者晃动身躯，顺山溪滚滚而下，一路左磕右碰，周身伤痕累累，但它依然执着地向前奔波，终入江河，承受着流水与岁月的打磨。

后者嗤之以鼻，安立于高山之上，看盘古开天辟地时留下的风尘美景，享风花雪月的畅意情怀。

又过千载，前者在尘世的雕琢、锤炼之下，成为稀世珍品、石艺奇葩，受万人瞻仰。后者得知，亦想效仿前者，入尘世接受洗礼，赢得世人赞叹。但每每想到高山上的安逸、享乐，想到尘世的疾苦，想到粉身碎骨的危险，它便不舍了、退却了。

再后来，世人为更好地珍藏石艺奇葩，决定为它及它同伴的建造一座别具一格的博物馆，建筑材料全部用石头，以突出"石"的主题。于是，世人来到武夷山上，将那块贪图安逸、贪图享乐的大石及很多石头砸成碎块，为前者盖起了一座"别墅"。后者痛哭，它最终还是粉身碎骨了。

两块大石，因为选择不同，便有了不一样的命运。前者放弃享乐，甘受风霜洗礼、尘世雕琢，终功成名就；后者放弃雕琢，沉于安逸，成了一块废料。那么，如果是你，你会放下什么、选择什么？

温室中的花朵，很少能够得到诗人的垂青；贪图安逸的"懒人"，只能一次又一次被人超越。正如一首歌中唱的那般——"不经历风雨，怎能见彩虹，没有人能随随便便成功。"

## 与胆小怕事做个彻底了断

胆小怕事和优柔寡断的人，是不可能成功的。许多天才都因缺乏勇气而在这个世界消失。许多人由于胆怯，从未尝试着去努力；他们若努力去尝试，就很有可能成功。

一个园艺师向一个日本企业家请教："社长先生，您的事业如日中天，而我就像一只蝗蚁，在地里爬来爬去的，一点出息没有，什么时候我才能赚大钱，能够成功呢？"

企业家对他说："这样吧，我看你很精通园艺方面的事情，我工厂旁边有2万平方米空地，我们就种树苗吧！一棵树苗多少钱？"

"50日元。"

企业家又说："那么以一平方米地种两棵树苗计算，扣除道路，2万平方米地大约可以种2.5万棵，树苗成本是125万日元。你算算，5年后，一棵树苗可以卖多少钱？"

"大约3000日元。"

"这样，树苗成本与肥料费都由我来支付。你就负责浇水、除草和施肥工作。5年后，我们就有上千万的利润，那时我们一人一半。"企业家认真地说。

不料园艺师却拒绝说："哇！我不敢做那么大的生意，我看还是算了吧。"

一句"算了吧"，就将摆在眼前的机会轻易放弃，有些人总是梦想着成功，可又总是白白放走了成功的契机。成功，显然是需要胆识的。

其实，每个人都有一个好运降临的时候，但他若不及时注意或者顽固地抛开机遇，那就并非机缘或命运在捉弄他，这要归咎于他自己的疏懒和荒唐，这样的人最应抱怨的其实是自己。机遇对于每个人来说都是平等的，问题是，它来了，你又在做什么、想什么？你是不是只看到了其中的危机，然后畏首畏尾无所作为呢？危机，对于胆大的人来说，是避开危机后的财富机会，而对胆小的人来说，则眼睛只会看到危险，白白浪费和错过机遇。这个社会虽然很复杂，但机会对每一个人来说其实是平等的。

我们身边每天都有很多的机会，包括爱的机会。可是我们经常像故事里的那个人一样，总是因为害怕而停止了脚步，结果机会就这样偷偷地溜走了。那么现在想一想，细数一下，这些年来你都因为胆小失去了什么？此刻，在你的生命里，你想做什么事，却没有采取行动；你一直有个目标，却没有着手开始；你想承担某些风险，却没有勇气去冒险……这些，恐怕多得连你自己都数不清吧？也许一直以来你都在渴望做这些事，却一直耽搁下来，是什么因素阻止了你？是你的恐惧！恐惧不只是拉住你，还会偷走你的热情、自由和生命力。是的，你被恐惧控制了决定和行为，它在消耗你的精力、热忱和激情，你被套上了生活中最大的枷锁，活在长期的恐惧里——害怕失败、改变、犯错、冒险，以及遭到拒绝。这种心理最终会使你远离快乐，丢失梦想，丧失自由。但你如果能够远离恐惧、远离懒惰、远离无知、远离坏习惯，你就会很快远离平庸与贫穷！

## 对抗根深蒂固的拖延症

20世纪50年代，西北农村的农民大都住窑洞。其中有个姓刘的老汉也和大家一样住在窑洞里，他喜欢靠在窑洞门口晒太阳，有人指着他的破窑洞说："你的窑洞该修了。"刘老汉说："我打算明年春天再修。"

第二年春天来的时候他仍然懒洋洋地靠在窑洞门口晒太阳。有人又对他说："你窑洞顶上裂了缝，快修吧！"刘老汉又说："等麦收了一定修。"麦子收了他又改变了主意，又想等收了秋田再动工，秋田收了，他仍没有动工修窑洞的意思。后来一场大雨，窑洞倒塌了，刘老汉被活活埋在废墟里。

这就是拖延造成的恶果，本应避免的悲剧就因为拖延而发生了。

中国有句古话说："明日复明日，明日何其多，我生待明日，万事成蹉跎。"其实"明日"总是遥遥无期，今天拖明天，明天拖后天，然后就可能拖到明天的明天的明天……一直到永远。拖延，无疑是成功的大忌，世界上最不容易成功的就是那些总把事情拖来拖去的人。

"今天晚上一定要把稿子写完！"杂志社实习编辑徐俊波一回到家便开始"信誓旦旦"。这时，离交稿日期还有一个晚上的时间。其实，要撰写一篇2000多字的稿件，一个晚上的时间绝对是绰绰有余的。那我们就看看徐俊波是怎样安排时间的。

他首先打开word文档，然后给自己泡上一杯咖啡，他准备开始写了。但这时，他发现微博上有信息更新，于是打开微博，巨细无遗地看大家都发了些什么好玩的。当他关闭微博页面以后，时针已经指向了8点。

"该吃饭了。"徐俊波心里想着，然后打电话叫了一份外卖，一边等待，一边写着稿子。没多久，外卖送来了，徐俊波借着吃饭的空打开了邮箱。其中有几条是团购广告，嗯，这个餐厅不错，KTV也不错，适合在周末和那些哥们姐们小聚。于是吃完饭，他又给几个朋友打了电话，最终在征询朋友们的意见以后，购了几张优惠券。

咦，这个声音，隔壁那对小情侣是在追剧吗？还差两集就看完了，我不如把它看完再写吧。这样想着，徐俊波又打开了优酷……"来自星星的你"看完总该写稿件了吧？然而这时徐俊波又发现，家里的水果吃完了，于是下楼去买了些水果，顺便买了本体育杂志，一边吃水果，一边津津有味地看杂志……

杂志浏览完了，徐俊波开始写了，但他又觉得缺乏灵感，于是他又开始疯狂地刷微博、逛淘宝、看"人人"，等他觉得必须定下心来写东西时，已经是凌晨2点半了，而word文档里只有573个字符。

虽然徐俊波的文采不逊于任何人，虽然他经常加班到深夜，看似非常辛苦，而且每次最后一个交稿子的也是他。现在，主编的语气里已经明显有不满情绪了，他自己也曾发誓不再拖延，但实际上总是不争气地一犯再犯。以目前的情况来看，他很可能失去这个心爱的工作。

类似的场景恐怕很多人都遇到过：你下定决心写一本书，于是决定每天晚饭后写几千字，可晚饭后，你又在网上和别人玩起了斗地主，你对自己说："今天最后玩一次，明天绝对不再这样。"然而第二天，你又玩得不亦乐乎，再一次重复了以前的错误。于是一拖，拖了一串！到头来，每天都在熬夜，却一直未曾下笔。

拖，可以说是人的一种本性，它的基本诱因是"懒"。治这个毛病，立竿见影的办法是：想到就做，绝不拖延。宇宙有惯性定律。什么事情一旦拖延了，就总是会拖延，但一旦开始行动，通常就会一直做到底。

尤其重要的是，别再制造很忙碌的假象。当你因为前面拖，而后面赶的时候，请不要怨天尤人！

## 不要再顾虑重重

顾虑太多,永远不能迈出向前突破的艰难一步,不能给自己的未来做决定,就只能平庸一辈子。

人,不要顾虑太多,确定了要做什么就勇敢地去做,这样既避免浪费时间,又免得伤神。谨慎一点固然没错,但过度的谨慎就成了畏缩。机不可失,时不再来,有的事一旦错过,就不可能再有第二次机会。

一位中国留学生应聘一位著名教授的助教。这是一个难得的机会,收入丰厚,又不影响学习,还能接触到最新科技资讯。但当他赶到报名处时,那里已挤满了人。

经过筛选,取得考试资格的各国学生有30多人,成功的希望实在渺茫。考试前几天,几位中国留学生使尽浑身解数,打探主考官的情况。几经周折,他们终于弄清内幕——主考官曾在朝鲜战场上当过中国人的俘虏!

中国留学生这下完全死心了,纷纷宣告退出:"把时间花在不可能的事上,再愚蠢不过了!"

这位留学生的一个好朋友劝他:"算了吧!把精力匀出来,多刷几个盘子,挣点儿学费!"但他没听,而是如期参加了考试。最后,他坐在主考官面前。

主考官考察了他许久,最后给他一个肯定的答复:"OK!就是你了!"接着又微笑着说:"你知道我为什么录取你吗?"

年轻的留学生疑惑地摇摇头。

"其实你在所有应试者中并不是最好的,但你不像你的那些同学,他们看起来很聪明,其实再愚蠢不过。你们是为我工作,只要能给我当好助手就行了,还扯几十年前的事干什么?我很欣赏你的勇气,这就是我录取你的原因!"

后来,年轻留学生听说,教授当年是做过中国军队的俘虏,但中国兵对他很好,根本没有为难他,他至今还念念不忘。

许多人的脑子太复杂,总爱自作聪明,认为机遇总是属于那些最聪明、最优秀的人才,轻易否定自己,结果浪费了机遇,因此,他们往往还没有走到挑战的边缘就从心理上败下阵来。不如想得简单一些,尝试一下再说。也许,好运就在突破顾虑的那一扇门后面。

## 拯救被犹豫一再延迟的成功

习惯于犹豫的人,对自己完全失去信心,所以,不管做什么事情,他们总是犹豫。有些很有才能的人,就因为犹豫的性格,其一生也就给蹉跎了。

如果一个人永远徘徊于两件事之间,对自己先做哪一件事而犹豫不决，他将会一件事情都做不成。如果一个人原本做了决定，但在听到自己朋友的反对意见时犹豫动摇、举棋不定——在一种意见和另一种意见、这个计划和那个计划之间跳来跳去、摇摆不定，各种客观因素都能影响他，那么，这样的人肯定是个性软弱、没有主见的人，他对任何事情都很难果断做决定，无论是举足轻重的大事还是微不足道的小事，这样下去是不可能成功的。

莎士比亚笔下的哈姆雷特就是典型的优柔寡断性格的人物，他实际的行动力和他的理想之间存在着很大的差距。有些人只看见事物的一面就很容易做出决定，也很容易分辨出该采取什么样的措施，但哈姆雷特遇事总是瞻前顾后、疑心重重，办事显得优柔寡断、拖泥带水，他无法断定自己看到的鬼魂是否真的就是父亲的冤魂，也无法断定自己的决定是好是坏、是吉是凶，因而他一遍遍地问自己："是活着还是死去？"

墙头草般左右不定的人，无论在其他方面有多强大，在生命的竞赛中，他总是容易被那些坚持自己的意志且永不动摇的人挤到一边，因为后者明白自己想要做什么并立刻着手去做。甚至可以这样说，连最睿智的头脑都要让位于果敢的判断力。毕竟，站在河的此岸犹豫不决的人，是永远不会登陆彼岸的。

一位朋友，智商很高，有知名学府硕士文凭，毕业以后决心下海经商。

有朋友建议他炒股，他豪气冲天，但去办股东卡时，他犹豫了："炒股有风险啊，再等等看吧。"于是很多人炒股发了财，等他进入股市时，股市却已经疲软。

又有朋友建议他到夜校兼职讲课,他很有兴趣,但快到上课时,他又犹豫了:"讲一堂课才百十多块钱,没有什么意思。"

于是又有朋友建议他办一个英语培训班,那样可以挣得多一些,他心动了,可转念一想:"招不到学生怎么办?"计划就这样又搁浅了,后来当国内某知名英语培训机构上市时,他又懊悔不及。

他的确很有才华,可总是犹豫不决,转眼很多年过去了,他什么也没做成,越发的平庸无奇。

有一天,他到乡下探亲,路过一片苹果园,满眼都是长势茁壮的苹果树。于是禁不住感叹道:"上帝赐予了这世界一块多么肥沃的土地啊!"种树人一听,对他说:"那你就来看看上帝怎样在这里耕耘的吧!"

很多人光说不做,总在犹豫;也有不少人只做不说,总在耕耘。犹豫不决的人永远无法获得丰硕的果实,因为机遇会在你犹豫的片刻失掉;勤于耕耘的人总是收获满满,因为流下的汗水会将生命浇灌得更加鲜艳。

志存高远的人何止千万?但如愿以偿者却寥寥无几!为什么?因为有太多的人一直在拖延行动,也不是不想行动,只不过想等上一段时间,谁知道这样一晃就是一生。

那么,你打算什么时候开始行动呢?拥有梦想而不开始行动,最是消磨人的意志。

有时,明明你已经做好计划,考虑过不下十遍,甚至已经做出决定,可是就差那么一点,就差那么一点行动,你却开始畏首畏尾、瞻前顾后,于是行动搁浅了,梦想中断了,久而久之,越来越不相信自己了,尤其是当同时起步的朋友已经实现梦想的时候,那种失落感更是难以名状。

只可恨，我们一再犹豫、一再拖延，到老了才知道，犹豫浪费生命，拖延等于死亡……

真的，无论是谁，无论想干什么事，如果优柔寡断、该出手时不出手的话，就会一事无成。而整个事情成功的秘诀就在于——养成立即行动的好习惯。有了这样的习惯，我们才会走在时代的前沿，而习惯拖延的人，会被甩到后面。

## 在控制中大胆地冒险求胜

这些年，人们愈发喜欢冒险。比如，赛车、跳伞、攀岩、悬崖滑雪、洞穴探险等，都有着极大的危险性。尽管这些运动有可能导致终身伤残甚至失去了生命，但人们依然热衷于此。为什么这么多人喜欢冒险呢？

一些心理学家对"冒险家"们进行了研究，最初的看法是贬义的，认为他们大多是一些有心理障碍的人。但这种观点有点想当然，是一种"纸上谈兵"。后来，美国的奥柯尔维、霍姆斯、法利等心理学家通过科学的研究方法，纠正了上述观点。

奥柯尔维于1973年通过直接对话与表格调查的方式对293名冒险运动者进行了研究，结果发现，这些"冒险家"不仅没有心理障碍，而且大多心理素质极高。比如，他们在定向方面有极高的能力，有着强烈的外倾性格特征，抽象思维能力高于平均指数，思维缜密，智商较高……他们都热爱生活，珍惜生命，在从事冒险运动时，并不是漫不经心或轻率、鲁莽，而是完全了解自己的身体素质和所使用的装备，并且将天气以及其他可能发生的变化、应采取的应变措施等一一考虑周到，力争在冒险运动中万无一失。

敢于冒险和善于冒险是成功者的本色，但冒险并不是孤注一掷，如果两者混为一谈，冒险就会成为鲁莽。莽撞之人敢于轻率地冒险，不是因为他勇敢，而是因为他看不到危险，结果失去了所有的东西，包括东山再起的资本和信心。成功离不了冒险，但更要注重化险为夷、稳中制胜。冒险而又能控制风险，成功的机会就增加。

翻开索罗斯征战金融界的记录，一般人都会被他出手的霸气吓倒，也可以说豪气。很多人误以为只是命运之神特别眷顾索罗斯，认为他只是赌赢了罢了，赌输了还不是穷光蛋一个。

其实索罗斯有自己的原则：冒险而不忽略风险，豪赌而不倾囊下注。他在从事冒险之前，是评估过风险，进行了研究的。他的冒险并不是不顾一切，赌资虽大但不是他的全部家当。他虽然时常豪赌，但也会先以资金小试一下市场，绝不会到处拿巨资作战。

冒险家的成功，除了极少的幸运因素之外，大多是他们谋算出了风险的系数有多大，做好了应对风险的准备，从而增加了胜算的概率。正所谓大胆行动的背后必有深谋远虑，必有细心的筹划与安排。

冒险不同于赌博，我们做事，不但要知道什么时候是最佳时机，更要对风险有超前的预见力与决断力。没有十全十美、只赢不输的事情，有的只是成功的信心和冒险的准备。

冒险需要理智。冒险不是冒进，无知的冒进只会使事情变得更糟，你的行为将变得毫无意义，并且惹人耻笑。当你想去冒险干一件大事时，一定要先进行科学论证，千万不要去充当冒冒失失的莽汉。

谨慎的人在做事之前，往往先深思熟虑，深入实地，去发现可能的危险与不测。做事可能因为谨慎而免于危险，幸运之神时常也会在这种情况下加以帮助。

成功者常会做出一些让人们目瞪口呆的勇敢行动，其实，他们谋算出了风险的系数有多大，做好了应对风险的准备，从而增加了胜算的概率。正所谓：大胆行动的背后必有深谋远虑，必有细心的筹划与安排。冒险既要胆大又要心细，做到心细，胆量才能发挥积极作用。

## 磨去好高骛远的事业硬伤

如果谁好高骛远，那就在人生中犯了一个大错误。不要以为可以不经过程而直奔终点，不经卑俗而直达高雅，舍弃细小而直达广大，跳过近前而直达远方。

目标远大固然不错，但有了目标，还要为目标付出努力，如果你只空怀大志，而不愿为理想的实现付出辛勤劳动，那"理想"永远只能是空中楼阁，是一文不值的。

张海燕大学毕业后，被分配到一家电影制片厂担任助理影片剪辑。这本来是一个人在影视界寻求发展的起点，但在10个月后，她却离开了这个岗位，辞职了。

她认为自己这样做的理由很充分：堂堂一个大学毕业生，受过多年的高等教育，却在干一个小学毕业生都能干的事情，把宝贵时光耗费在贴标签、编号、跑腿、保持影片整洁等琐事上面。这怎能不使她感到委屈呢？她有一种上当受骗的感觉，更有一种对不起自己的感觉。

几年后，当张海燕看到电视上打出的演职员表名单时，竟然发现以前的同事，有的现在已经成为著名的导演，有的已经成为制作人。此时，她的心中颇有点不是滋味。

张海燕原来并未看到平凡岗位上的不平凡意义，所以她的辞职行为，是关闭了自己在影视界闯出一番事业的大门。

许多实现了人生目标的过来人都表示，谁也不能"一步到位"，只能"步步为营"，唯有如此才有可能成功。因此，人不要把眼睛只盯住眼前，而忽视了自己事业的长远规划。

不能脚踏实地者首要的失误在于不切实际，既脱离现实，又脱离自身，总是这也看不惯，那也看不惯。或者以为周围的一切都与他为难，或者不屑于周围的一切，不能正视自身，没有自知之明。你该掂量自己有多大的本事，有多少能耐，要知道自己有什么不足，不要以己度人。

决心获得成功的人都知道，进步需要一点一滴的努力。就像"罗马不是一天造成的"一样，房屋是由一砖一瓦堆砌成的；足球比赛最后的胜利是由一次一次的得分累积而成的；商家的财富也是靠着不断增加的顾客逐渐积累的。所以说，每一个重大的成就，都是一系列小成就累积而成的。

## 培养快刀斩乱麻的强者心性

优柔寡断，只能坐失良机。迟疑不决的人，永远得不到最好的结果，因为机遇会在你犹豫的片刻失去。

生活的艺术就是选择一个目标，作为进攻的突破口，然后全力以赴、努力实现。如果能在纷繁混乱的目标中，当机立断，尽快选择一个目标，并为实现目标不懈地奋斗，成功就触手可及了。如果犹豫难断，结果注定是失败，鸿门宴中项羽的优柔寡断就是一例。

项羽入关之前屯兵新丰鸿门，刘邦屯兵灞上，双方相距不远，谋士范增劝说项羽速攻刘邦，而项羽却踌躇不决。恰好此时曹无伤向项羽告密："沛公欲王关中，使子婴为相，珍宝尽有之。"项羽闻言大怒，当即发誓次日便要消灭刘邦，然而就在这剑拔弩张的紧急时刻，被刘邦收买过的项伯，仅用三言两语，不但打消了项羽要"击破沛公军"的念头，而且还同意刘邦前来谢罪。

鸿门宴上，范增屡次示意项羽要他杀掉刘邦，可是项羽总因下不了决心而"默默不应"，使得刘邦躲过了第一劫。待后来范增招来刺客项庄，企图让他趁舞剑之机刺死刘邦时，由于项伯乘机涉足其中，暗中保护刘邦，项庄又每每不能得手；对项伯的非常之举，项羽一味地姑息纵容，范增的计划因此再度落空，刘邦又躲过了第二劫。项庄舞剑失败以后，宴会上的气氛依旧十分紧张，就在刘邦欲走不能走、想留不敢留的极其矛盾之时，刘邦的骖乘樊哙闯进来将项羽大骂一通，不料项羽这次非但没有发怒，反而称樊哙为壮士，对其赐酒赐肉，礼待有加，使得后来刘邦有可能在樊哙等人的保护下金蝉脱壳，逃之夭夭。正是项羽的犹豫不决使他失去了除掉心腹大患的绝佳机会。

楚汉双方在广武对峙时，项羽捉住刘邦的父亲拿到阵前当人质，希望借此来威胁刘邦投降。项羽表示如果刘邦不投降的话，就把他父亲放到锅里煮了。谁知刘邦的回答却出奇的爽快："煮就煮吧，只是到时别忘了给我留一勺汤喝。"刘邦的果断与项羽的犹豫形成了鲜明对比，难怪刘邦能以弱制强建立汉朝。

项羽一次次的犹豫，将自己封在了一个死胡同里，最后兵败如山倒，乌江自刎虽悲壮凄美，却换不回九五至尊的威仪。

同样作为军事家，亚历山大就高明得多。

马其顿国王腓力二世在远征波斯前夕遇刺身亡，不到20岁的亚历山大临危受命，继承王位。

亚历山大接手的是个烂摊子。当时，北方各部落纷纷发动叛乱，希腊各城邦在雅典城内公开集会，宣布废除马其顿的盟主地位，而反对他登基的人都在虎视眈眈，等着看他的笑话。亚历山大陷入两难：出兵，没有100%的胜算，而且反对者可能会趁机作乱；不出兵，将白白失去希腊大片领土，对不起父王在天之灵。

但亚历山大很快就结束了纠结，他决定亲率大军平定北方的骚乱，行动之快是敌人所未料到的。平定北方叛乱后，对于是否出兵希腊，他也有过为难，北方初定，民心未稳，此时远征，恐再生叛乱，腹背受敌。但很快，他就决定远征希腊，不必等局势完全稳定。亚历山大的军队已迅雷之势兵临雅典城下，对方被这种气势吓破了胆，没有任何抵抗，希腊半岛上所有的城邦，都竖起了白旗。不久，在科林斯召开的第三届希腊同盟代表大会上，亚历山大被选举为终生盟主。

无论在什么时候，快刀斩乱麻都是成功者必须具备的一种素质。认清形势，迅速做出决定并快速实施往往能收到事半功倍的效果。成功，从不属于那些犹豫不决的人。

现在，如果你想做什么事情，记住，不要一直纠结着该做不该做，否则黄花菜都凉了。痛快一点，果断一点，你会在胜负未决时拿到最终制胜的关键筹码。

# 给刚愎自用的自己泼瓢冷水

自信对成功的支撑不言而喻，但盲目的自负却会使事情走向截然相反的方向。太过自负，刚愎自用，忘乎所以，往往骄兵致败。所以，对于那些想要获得成功的人来说，一定要及早抛弃刚愎自用的性格，用一种客观、理智的态度面对工作和生活。

王安公司曾被人们称为美国最成功、最有前途的企业。创建该公司的王安博士也曾位于美国5大富豪之列，王安电脑的名字是何等响亮。但曾几何时，大厦将倾。王安博士在大厦将倾之时，带着遗憾故去。其后不久，1992年8月18日，王安公司正式向美国联邦法院申请破产保护。细加分析，可以看出导致王安公司失败的原因有三：

其一，只满足于科技本身的进步，忽视了市场需求的变化。王安公司在过去的10多年中，曾不断推出新产品，特别是推出了办公电脑，开创了办公自动化的新纪元。随着变化越来越快，王安公司的脚步却停了下来。市场上个人用微型电脑良好前景刚一显露，IBM公司及其他公司就紧紧盯住，迅速开发出个人用微型电脑及相配的软件，一时间，个人用微型电脑在办公室和家庭迅速普及开来。而王安公司自傲于自己产品的科技水准，仍以中型电脑为主攻方向，结果失掉了市场。

其二，不能及时根据用户的要求，调整产品的功能。现今用户为了使用方便，希望各种电脑能够互相兼容，以便在不同的机型上交互作业和交换资料。为适应顾客的这种要求，许多电脑公司纷纷使自己的产品与计算机主流公司的产品兼容。而王安公司则坚持生产不能与IBM公司产品兼容的电脑。此外，王安公司在软件、售后服务和交货及时性方面也不能适应顾客的要求，远远落后于其他公司。

其三，不能以贤举人。王安安排38岁的儿子王列出任公司总裁。其经营不善，不仅未能扭转业务下滑的局面，反而还气走了一位跟随王安20多年的销售专家。这无疑是给王安公司雪上加霜。

王安公司的悲剧，与苹果公司当年出现的黑暗时期原因是一样的，只不过苹果公司及时聘请了一位经营专家斯卡利，最终柳暗花明，迎来了一个新发展时期。而王安公司本已陷入困境，但又交给了一位外行人去管理，悲剧结果也就无法避免了。王安公司的悲剧再次告诉我们，无论经营企业，还是对于我们个人来讲孤芳自赏是非常有害的，它会妨碍人们的视野，使公司停滞不前。对于我们的事业来讲，是有百害而无一利的。

王安曾经说过这样一段话："谁抛弃了市场，谁跟不上潮流，谁就在市场上没有立足之处，谁就注定要被市场淘汰掉。"这是多么蕴含哲理的话啊！王安恰恰正是因为违背了市场的规律，违背了不断进取的原则，也忘记了自己曾经讲过的话，所以才有了之后公司破产的悲剧。这确实值得每一个期望成就一番事业的人深思。

第四章

# 反本能

## 对抗养疥成疮的习以为常

坏的本能习惯不加以抑制，就会变成生命的一部分。消极的本能随时可以改变人生走向。人，往往难以改变习性，因为造成习性的就是自己，结果人又成为习性的奴隶！若想改变，就要反本能！

## 解开知足造成的自我限制

曾听渔民们讲过一件趣事。

据他们说，成年章鱼的体重可达 70 磅，如此一个庞然大物，却拥有极度柔韧的躯体，若是它愿意，几乎能够将自己塞进任何一个地方。

章鱼最喜欢的事情，莫过于藏身海螺壳之中，待鱼虾靠近，突然发出致命一击——咬住它们的头部，瞬息注入毒液，然后美美地享用一顿。针对章鱼的天性，他们想出了一个绝招——用绳索将很多小瓶子串联在一起，投入海底。章鱼们一发现小瓶子，便趋之若鹜，最后成了他们的"囚徒"。

事实上，将章鱼困住的并不是瓶子，而是它们自己。瓶子是死物，它不会主动去囚禁章鱼，反而是它们的本能，喜欢往狭小的洞口里钻，最终葬送了卿卿性命。

现实生活中，很多人的习性正与章鱼一样，他们习惯于将自己困在瓶底，不懂得去突破、去争取，久而久之，他们的思想越来越狭窄，逐渐失去了进取的锋芒。一个人的思想决定他的前途，无知会使人的天赋减弱，还会让自己的无限潜能得不到发掘。

人，如果不给自己设限，就没有能限制他的藩篱，人生便无止境。人的梦想有多远，舞台就有多大，只要相信自己，一切就皆有可能！

有这样一个与众不同的人，他出生在一个优越的家庭，从小聪明伶俐，又勤奋好学，是父母老师、亲朋好友眼中的好孩子。18岁那年，他考入复旦大学，因为成绩非常突出，提前一年毕业，分配到上海一家大型国企。第一年，他在基层埋头苦干，默默无闻；第二年，他一鸣惊人，升任集团下属分公司的副总经理，21岁的副总经理，在上海滩是个不小的新闻；第三年，他一飞冲天，做到了集团董事长的秘书。一年一个样，三年大变样，这简直是职场奇迹。才华出众，年轻有为，没有人会怀疑，如果他在这条道路上继续走下去，前途无可限量。

可是，他的梦想远不止于此，就在事业一帆风顺之时，他毅然决定辞职，要去证券公司。临走之前，有朋友好意提醒他："单位马上要分房子了，等分到了房子你再走不迟。"能在上海拥有一套属于自己的房子，是不少年轻人毕生奋斗的理想，那时他参加工作才几年，如果能分到房子，是无比幸运的事情。可他却不以为然，"难道我这辈子还挣不到一套房子？"一句话掷地有声，铿锵有力，朋友无言以对。燕雀安知鸿鹄之志，区区一套房子绑不住他梦想的翅膀。

由于赶上了中国股市的大牛市，他果断出击，很快掘到了人生第一桶金——50万元，不菲的数字，这又是一个骄人的成绩。一路走来，他的人生轨迹近乎完美，那时完全可以找个安稳的工作，安心享受生活。可是那颗与生俱来永不安分的心，让他无法停下脚步，他野心勃勃地开始寻找下一个人生目标，准备创办网络公司。那时正是互联网的冬天，又有好心人劝他："你要懂得知足常乐，现在搞网络几乎不可能成功。"他偏不信。

于是在一间不足10平方米的小屋里，他投入全部家产，创立了盛大网络公司。从此一发不可收，他的人生传奇连番上演，人们以前所未有的震惊认识了这个年轻人——陈天桥。短短5年时间，他的个人财富以近乎"光速"飙升！一举登上中国大陆首富的宝座，又一次颠覆了人们的想象。

人常说知足者常乐，但知足者注定平庸。假如给你一份工作，保证你一年赚一亿，你会不会满足？但告诉你一个事实，即使是这样，你也要工作100多年才能赶上现在的陈天桥！陈天桥的发迹史的确与众不同，因为大多数人都是在逆境中崛起，而他却在顺境中演绎了不一样的传奇，这一切皆因为他有一颗不断超越的心。

其实所谓的"极限"就是这样，只要你有心超越它，你就有超越的可能。勇于向极限挑战，这是获得高标生存的基础。现实之中，很多人如你一样，虽然才华横溢、能力不俗，却有一个致命弱点——缺乏挑战极限的勇气，只愿做人生中的"安全专家"。对于偶尔出现的"大障碍""大困难"，他们不会主动出击，而是觉得"不可能克服"，因而一躲再躲，蜷缩不前。结果，终其一生也未能成事。

# 躲开习惯性思维的"坑"

惯性思维就好像是一种无形的引力,很容易让我们的思路朝着固定方向靠拢,而这些固定的方向可能是我们自己预定的规则,最后也正是这些自己设定的规则无形地把我们套住了,让我们失去了应有的创造力。

前进中最大的敌人就是惯性思维。我们每一个人的世界观、生活环境和知识背景都会影响到自己对待事物的态度和思维方式,不过对于我们来说,最重要的影响因素还是那些过去的经验,而我们也只有打破它,才能拓展我们的思维,进入一个新的天地。

大家熟知的拿破仑,他最后的失败并不是败在了滑铁卢战役上,而是失败在了一枚棋子上。拿破仑在滑铁卢战役失败之后,被终生流放到了圣赫勒拿岛。他一个人在岛上过着十分寂寞和孤独的生活。

后来一次偶然的机会,拿破仑的一位密友秘密赠给他一副象棋。而拿破仑对朋友送给他的这副精制而珍贵的象棋爱不释手,经常一个人默默地下象棋,无可奈何地打发着自己孤独和寂寞的时光,直到最后慢慢地死去。

等到拿破仑死后,那副象棋多次高价转手拍卖。有一天,那位象棋的拥有者偶然发现,象棋中的一个棋子底部居然是可以打开的。

而当这个人把这枚棋子的底部打开之后,简直惊呆了,里面竟然密密麻麻地写着如何从圣赫勒拿岛逃生的详细计划。

可是令人惋惜的是,当时拿破仑并没有从象棋中领悟到朋友的良苦用心,以及发现这副象棋中的深奥秘密。就连拿破仑自己大概做梦也不会想到,他最后竟然死在了自己惯性思维的陷阱里。如果在当时,他还能够用南征北战时期兵不厌诈的思维方法来思考一下象棋中可能蕴涵的其他功能,也许上帝会再一次向他伸出援助之手。

我们第一眼看上去好的东西不一定是真正好的东西,我们现在觉得好的方法也不一定是绝对好的办法。所以,在生活当中,我们还是要学会换个思路思考问题、分析问题,并且做到客观、冷静地分析事情,敢于打破常规的传统观念,能够用崭新的眼光找到解决问题的最佳途径。

心理学家曾经做过一个研究,结果发现我们平时发挥出来的能力,只是我们潜能的2%~5%。换句话说,我们绝大部分能力只有在打破常规的情况下才能够发挥出来。所以,我们不管做什么事情,一定要做到勤于思考,善于打破常规,勇于创新。当我们遇到困难和选择的时候,首先要认清自我,正视现实,理性地分析各种因素,这样,你就能够掌控好自己的命运,不断地前进。

## 丢掉为钱工作的浅薄习性

很多人都说过这样的话:"别人给我多少钱,我就干多少活。"这是因为在他们的思维里，做工作只是为了挣薪水。按照市场交易法则，公平交易，也许这无可厚非，但是，如果放在职场，那这就是一种非常危险的思维，为什么这么说呢？

因为工作量的多少，是永远无法用金钱来衡量的。你永远不可能做到老板支付你1000元的工资，你却每天只干33.33元工作。因为衡量工作的标准，不仅看速度，还要看质量，同时，还要考虑细节，而这一方面的衡量，还要因人而异。还有，你这个心态，会让老板觉得你是一个对工作不负责任的人，你将会失去很多机会。更重要的是，你这种心态是一种自我设限，如果不赶紧抛弃这种心态的话，你将无法取得进步。不信，你从下面这个故事中将得到答案。有两位刚大学毕业的同学结伴来到北京找工作，一起去了一家公司面试，最后两个人都被录用了。对于人生中第一次正式的工作，他们都很有工作激情，都希望能在第一份工作中取得不错的成绩。但是一个月过去了，情况开始有点变化了。

"我们干这么多的工作，还不如我上学时兼职时赚得多呢。"高个子说。

"薪水是低了点，但是以前只能赚点钱，没什么技能可言，还是踏实点吧！"

"工作不就是为点钱吗？"高个子撇嘴说，"我们得换工作！这样下去简直是浪费时间！"

"刚开始，每个人都是这样的，要走也要学到点东西再走啊！"高个子的同伴说。

接下来的日子，高个子就抱着混的态度工作。

"给我多少钱,我就干多少事!他不善待我,也别想我感激他!"一个月又过去了,高个子实在觉得没前途,就拿着工资走了。他的同伴继续留在原来的地方。5年后,他们两个人都参加了班上组织的聚会,他们相遇了。高个子依然和他当年说要走时一样,一脸愤世嫉俗的表情。

"后来,你去了哪里?"高个子的同伴问他。

"天下的老板都像乌鸦一样黑!都想把员工榨干!我现在在一家小公司工作,我想,我快干不下去了,我得换一家公司。你呢?现在怎么样?"

"我还在当初那个公司,刚才我去看了车展,想买辆车!"

"你要买车了?你发财了?"

"我现在已经是那家公司技术部门的经理了。"

高个子瞠目结舌。他以前的同伴接着说:"其实,只要你再坚持一个月就好了,事实证明公司的待遇不是很差,前提是我们要有过硬的技术!"看到了吧!工作不仅仅只是为了薪水,还有你的前途、你的美好的未来。倘若一个人只为薪水而工作,觉得老板给多少工资,就干多少活,最后受害的不是别人,而是他自己。这些人在工作中欺骗了自己,而这种因欺骗蒙受的损失,即便他们日后奋起直追、振作努力也不能赶上。如果在工作中能付出努力,不敷衍了事,不偷懒混日,那么无论他的薪水多么微薄,也终有成功的一天。

老板只支付给你微薄的薪水,你固然可以敷衍塞责加以报复,但是,你要知道,老板给你的工资不高,但你在工作中,给予自己的报酬却是珍贵的经验、优良的训练、才能的表现和品格的建立,这些与金钱相比要高出千万倍。

有些薪水很微薄的人，忽然被提升到重要的职位上，这看起来不可理解，其实，是因为在拿着微薄薪水的时候，他们就在工作中付出了切实的努力，有一种追求尽善尽美的态度，获得了充分的经验，这些便是他们忽然获得晋升的原因。在工作中努力尽职的人，总会有获得晋升的一天。

现在我们来看看，美国著名的企业家查理·斯瓦布的故事。查理·斯瓦布小时候，生活特别艰苦，只受过短短的几年教育。15岁那年，他就孤身一人到宾夕法尼亚的一个山村里赶马车谋求生路。那时他的薪水一个月只有1.2美元，按现在来换算，相当于一个月三四百块钱。这样的起点，恐怕是低得不能再低了，相信当时没有人能想到他会有今日这样的成就。

后来，他找到了一个每周2.5美元报酬的工作。在这期间，他每时每刻都在寻找新的机会。不久后他成了卡内基钢铁公司的一名工人，日薪1美元。做了没多久，他升为技师，接着升任总工程师。过了5年，他便兼任卡内基钢铁公司的总经理。到了39岁，他一跃升为全美钢铁公司的总经理。

查理·斯瓦布在总结自己成功的秘诀时说："我从不计较薪水，我拼命地工作，我要使我的工作价值远超于我的薪水。"查理·斯瓦布惊人的成长履历告诉了我们一个道理：永远不要计较薪水。是的，当你计较薪水的时候，很可能就会失去本该属于你的美好未来。

不管你的工作是如何卑微，始终要明白，工作不仅仅是为了薪水。

当你为工作付出了十二分的热忱的时候,你就能获得工作的喜悦。你对工作投入的热情越多、决心越大,工作效率就越高,得到的回报自然也会越多。当你抱有这样的热情时,上班就不再是一件苦差事,工作就变成一种乐趣,就会有许多人愿意聘请你来做你所喜欢的事。

工作不仅仅是谋生的手段,你一个月的辛勤工作难道就为数数得来的这小叠红纸有多少张吗?薪水是相对的,本事是绝对的。追着钱跑是暂时的,让钱追着你跑才是未来真正需要落实的。

## 工作,不一定要从一而终

随着年龄的增长,很多人都对自己所从事的工作产生了怀疑和恐慌。有的是因为所做的并不是自己真正喜欢的工作,所以产生了厌倦;有的是因为自身知识结构老化,在竞争中处于劣势;还有的是因为职业特点所限,以后就不宜再干了……他们也常常琢磨:是不是该给自己的事业重新定位?换种工作是不是会好一点?但他们又总拿不定主意,时间就在一拖再拖中过去了。其实,当你发现你的职业再也吸引不了你,你的工作不再适合你时,就应该果断地转行,给自己换个全新的跑道,你还能赶得上人生的最后一次冲刺!

游人在海滩的水洼里看到一种小螃蟹，就请教渔民是什么种类。结果渔民说："这种螃蟹叫寄居蟹，其实也是普通的螃蟹，只不过是被潮水带到岸边来的。如果回到海里它们也可以长到碗口大。可它们总是留恋海水带来的一点微薄海藻，以此作为食物，吃不饱、饿不死，也长不大！它们会在这里一直拖到水洼干枯，才会回到海中，但并不是所有的都能安全撤退，很多都因为过度虚弱死在海边了！"想一想，有些人是不是也像那些寄居蟹一样，宁愿守着毫无前途的职业，死拖着不肯转行，等到被迫转行时，才发现已经太迟了！

为了长远利益，牺牲眼前的小利。这句话说起来容易，但又有几人能做到？很多人在事业面临危机时，也想转行，但却由于种种原因舍不得安逸的环境、较高的薪酬，或是外表风光的地位。于是转行的念头转了又转，到最后却只能不了了之。这就像是一只被放进锅里煮的青蛙，温水的时候贪图舒服不肯跳出去，等到烫手的时候想跳也来不及了！

认识萧翰的人都说他这几年老得太快了！萧翰刚刚进入不惑之年，是一家电子厂的技术副厂长，也称得上小有成就，但萧翰这两年过得远没有他的名头那么风光！电子厂规模小，技术落后，在竞争中屡战屡败，现在已经摇摇欲坠！今天传兼并，明天说倒闭，后天又说要裁员……其实，电子厂的现况萧翰5年前就料到了。他认为电子厂肯定无法适应将来的激烈竞争，所以打算放弃本行，改做保险。他接洽了一家保险公司，而对方对萧翰也十分满意，但考虑到萧翰缺少这方面的经验，因此请他从较低职位做起。就在萧翰兴高采烈准备转行时，却发生了一件事。妻子忽然请求他干完这个月再换工作，萧翰很奇怪就追问为什么，妻子这才吞吞吐吐地说，半个月后是她们同学聚会的日子，她希望到时候丈夫的身份仍能是副厂长。这件事对萧翰触动很大，他觉得转行真不是一件容易的事，方方面面都得考虑到。总得替妻子想一下吧！吸完了一包烟后，萧翰又放弃了转行计划。现在一想起这件事，萧翰就后悔极了！当时若能趁早转行，何至于有今天呢？

与萧翰形成鲜明对比的是张枫。张枫在网络公司工作，也步入中年了，他明显地感受到了危机，他知道，网络里的技术饭碗是年轻人端的，他面临事业转行了。这时，他找到了一个很好的发展方向，且与新机构上司的想法一拍即合。事事都如意，唯独年薪，要比在网络公司的时候挣得少。张枫觉得年薪少点没什么，但妻子却对此颇有微词："真没见过你这样的，薪水高的不干，偏要挣少的！你是怕钱多了没地儿放吗？再说40岁的人了，还瞎折腾什么？"面对妻子的指责，张枫也很矛盾。于是，他在半夜给远在国外的朋友打了个电话，听完张枫的诉说后，朋友只说了一句："我问你，你还有几个40岁？"这句话使张枫如梦初醒：自己只有一个40岁，现在再犹豫不定，等到50岁时，想转行又有谁会要你？张枫第二天就在众人叹息的眼光里辞去了工作，转到新公司，现在已升到部门经理了。

如果你的工作真的不再适合你了，那么转行就是你最佳的选择。转行了你仍是大有可为；如果你选择安于现状，那你不仅会心情郁闷，还极有可能在长江后浪推前浪的形势下被"后浪"夺去位置，到那时，你可就真的是悔之莫及了。

# 放弃"阳关道",去走"独木桥"

在经济社会中,每当市场兴起一个新鲜事物,最赚钱的都是那个发起者,其他一拥而上的跟风者,把这条路当成了"阳关道"。事实上,他们只能吃到一点别人剩下的残羹冷炙,甚至根本就赚不到钱。虽然"淘金"是一条"阳关道",但淘金的人太多了。如果我们总是盯着"阳关道",跟别人去挤去抢,就会弄得头破血流,却还是一无所获。

阳关道宽敞,危险性小,有人探路,走得也快,也许是最稳当的。但这条路走的人也多,也是最不靠近成功的。因为每一条"阳关道"上都挤满了盲目的人,何况"阳关道"也不一定名副其实。这些"阳关道"有时并不好走,而"独木桥"虽然狭窄,但由于只有一个人走,也许反而会走得更顺利。

某大型公司引进了一条肥皂生产线,这条生产线很先进,它能将肥皂从原材料加入直到成品包装全部自动完成。不过他们很快发现这条生产线有个缺陷:常常会有盒子里没装入香皂,那些空盒子会混到成品里面。这家公司停用了生产线,并与生产线制造商取得联系,询问怎样才能挑选出这些空盒子。制造商告诉他们,这种情况在设计上是无法避免的。

他们只得成立了一个团队解决问题,以几名博士为核心、十几名研究生为骨干的攻关小组综合采用了机械、微电子、自动化控制、X射线探测等技术，最后花了几十万元在生产线上安装了一套X光机和高分辨率监视器。每当空香皂盒通过，探测器就会检测到，一条自动机械臂会将空盒从生产线上挑出来拿走。

南方某个乡镇企业也引进了同样的生产线，老板同样发现了这个问题。他找来了个小工，告诉他说："你把这个搞定，不然扣你半个月工资。"小工很快想出了办法，他在生产线旁边放了台大功率风扇猛吹，空盒子分量轻，在通过风扇时自然会被吹走。相比那家大企业的正统做法，小工用的就算是民间的"土方子"了，然而他同样解决了问题。从这个角度来说，这个小工的做法并不比那些科研人员的方法差，既经济又实惠。小工走独木桥还比科研人员走阳关道快得多呢。

阿里巴巴的创始人马云在一次文化讲坛上交流他的创业体会时说："我要做别人不愿意做的事、别人不看好的事。当今世界上，要做我做得到别人做不到的事，或者我做得比别人好的事情，我觉得太难了。因为技术已经很透明了，你做得到，别人也不难做到。但是现在选择别人不愿意做、别人看不起的事，我觉得还是有戏的，这是我这么多年来的一个经验。"

也就是说，如果我们只做大众化的工作，我们就很难在激烈的职场中脱颖而出。而成功者与其他人的区别就在于，别人不愿意去做的事，他去做了；少有人走的路，他去走了；没前途的市场，他去开发了……

有一位名叫卢尔沙西的年轻人租了两间店面经营茶楼生意，茶楼不大，放了30张茶桌。

茶楼装修得十分高雅，茶师更是一些拥有非凡实力的专业人员。但是,茶楼生意并不好,几个月下来简直到了入不敷出、举步维艰的地步。

员工善意地建议他把茶楼转让出去,另谋出路。

"不!我一定能有办法让茶楼起死回生!"卢尔沙西坚定地说。从那以后,他开始留意进店来的每一位顾客,希望能从顾客身上得到改变茶楼命运的启示。

一次,一位顾客边等人边喝茶,很是无聊。卢尔沙西走过去问:"我能帮助您什么吗?"

"我想我需要一份报纸。"顾客想了一下说,"否则,我可能要离开了。"

"真对不起,我这里没有订阅报纸,不过,我上周末买的一份旧报纸还在吧台里放着,要看吗?"卢尔沙西有点儿不好意思地说。

"行,行。"那位顾客开心地回答。从卢尔沙西手中接过那份旧报纸后,这位顾客再也没有无聊的神情,更没有想要离开的意思。

一份旧报纸留住一位顾客,也间接地留住了他的朋友,从而为茶楼创造了一个不可估量的消费团队。卢尔沙西的猜想没有错,第二天,这位要求看报纸的顾客便带了 6 个人过来喝茶。

这件事情给了卢尔沙西很大触动,他设想:如果每天都有更多信息更全面的报纸杂志准备着,会不会就能留住更多老顾客甚至培育更多新顾客呢?他立刻决定,在靠近茶楼进口附近抽掉 5 张桌子,利用这个空间办起一个小小的阅览室。

"老板,我们的利润是由茶桌创造的,抽掉茶桌,我们创造的利润就会减少⋯⋯"不少员工提醒卢尔沙西,他们觉得卢尔沙西的想法简直荒唐。

"按正常的数学逻辑,你们的想法是对的,但从经营学角度考虑,我的想法未必错,x-5应该会大于等于x。"卢尔沙西坚定地说。几天后,一个订了大量金融、商贸、新闻、娱乐、文学等方面报纸和杂志的小小茶楼阅览室诞生了。

奇迹出现了,几乎所有客人都被这间阅览室吸引。

渐渐地,卢尔沙西的茶楼里有阅览室这个消息传了出去,来茶楼消费的顾客与日俱增,一个月下来,创下的营业额竟然比之前多出两倍。就这样,卢尔沙西的茶楼阅览室一直都在整个茶楼经营中起着至关重要的作用,也一直在为卢尔沙西创造着丰厚的利润。后来,卢尔沙西有了更大的经营目标,将茶楼高价转让出去后加盟了肯德基,在曼谷开设了泰国第一家肯德基快餐店。考虑到肯德基为大多数儿童所喜欢的特点,卢尔沙西同样采用了"x-5≥x"的经营策略,抽掉了5张餐桌,利用这5张餐桌的空间备置了一架滑梯和一只蹦蹦床,办起一个小小的"儿童玩乐场"。让人难以置信的是,就因为抽掉5张桌子办一个玩乐场的方案,让他创下了亚太地区所有肯德基店面的月营业额新高。

现在,减去5张桌子办一个儿童玩乐场的做法几乎已经在全球所有的肯德基分店中得到了沿袭和推广,在一定程度上,"x-5≥x"已经成为肯德基经营文化的一种象征。

什么是成功之道?成功学家说,一个人想要成功,就要选择他人不曾走的路,做他人不曾想的事。阳关道上若是人太多,还是不去挤的好。思路决定出路,有时候独木桥更胜阳关道。这时候,我们应该试着走一走没人理会的独木桥，在这条人生路上，也许我们会走得更顺畅、更精彩。

## 习惯性退缩毁你没商量

当一个新鲜事物出现时，习惯退缩的人总是畏首畏尾，不敢率先尝试，非要等到别人确认没有危险以后，才亦步亦趋，结果只能捡别人吃剩下的骨头，一辈子成不了大事、发不了大财。习惯退缩的人缺乏主动性、勇气和信心，所以可能一再错过原本属于自己的成功和幸福。

乔治和约翰是从小一起长大的朋友，他们的家在约克小镇。约翰胆大心细，敢作敢为；而乔治不爱表现，办事有点缩手缩脚。两个人都顺利地进入了伦敦的大学，而且是同一所大学的同一个专业。

这天，乔治感到身体有些不舒服，约翰就陪他去医院。在前往医院的路上，乔治突然发现一个非常熟悉的面孔，他连忙拉住约翰，低声说："约翰，你快看，那是首相。"

此时，二人与首相之间的距离大概50米左右，首相正和几位官员及记者一边走路一边探讨着什么。片刻之后，首相一行人走到了他们身边，乔治和约翰有点不知所措，乔治更是有些害怕地低下了头。首相来到乔治面前，看了看乔治，然后目光落在乔治胸前的校徽上，说："这是一所不错的学校！"这时的乔治，不知是激动还是害羞，竟然傻乎乎地看着总理，一句话也说不出来。约翰却上前一步，注视着总理，说道："总理先生，您好。"首相亲切地将手放在约翰的肩上，鼓励道："年轻人，要善于学习，敢于突破，国家的未来是你们的！"

第二天，多家媒体的头条刊登的都是首相与约翰在一起的照片，许多媒体对约翰进行了专题采访。朝夕之间，约翰火了起来，成了名人，学校也把首相与约翰的照片作为一种荣誉收藏到了档案馆里。这时，很多同学惋惜地对乔治说："乔治，你错过了一个非常好的成名机会，太遗憾了，但你可以补救的。你应该立刻拿起笔，将你见到首相的情形写出来，送到报社去发表，这样也可以提高你的知名度。"乔治觉得同学的话很有道理，可拿起笔又不知道该写什么，因为自己自始至终没有和总理说过一句话，这件事慢慢就被搁置了下来。

因为已经有了名气，约翰大学毕业以后非常利地找到了一份相当不错的工作，而且他有胆有识又愿意努力，没过几年就进入了公司的决策层，生活过得非常惬意。乔治毕业以后回到了小镇，做了一名邮递员，艰苦的工作之余，乔治常常会想，如果自己当年向前跨出那一小步，如今的生活是不是会向前跨越一大步呢？或许，自己真的错过了人生最好的一步棋。

有时候，我们会为一个人或者一件事情而遗憾终身；有时候我们会为了某个目标而等待一生。其实，你当初完全可以使事情朝着另外一个方向发展，只要勇敢地迎上去、勇敢地做事情、勇敢地想问题，关键是勇敢地做自己，这样就能做到人生无怨无悔。

　　无论做什么事，先要为自己争来机会。机会到手，成功的可能已有了一半。有了这种敢于行动的心态，才会使我们成为一个挑战者，愿意尝试新行为，愿意接触陌生人，愿意做陌生的事，愿意探索未知的领域。这样，我们就不会太安于现状，也不会留恋过去，不会让知足与惰性主导我们的行为。

## 不要让马虎成为拦路虎

　　粗心大意是犯错误的"亲戚"。很多时候，因马虎粗心而导致的损失是无法补救的。细节决定成败。有多少人距成功只有一步之遥，却因细节问题而饮恨败北；又有多少人的成功就是源于他们对细节问题的重视。一个人如何看待细节，不仅代表着他对待一件事的态度，还代表着他对人生、对生活的态度。

　　细节是琐碎的、零散的，所以总是被我们习惯性地忽视，但它的作用却不可估量。多少人卧薪尝胆，就因为一两个细微的疏漏最终前功尽弃。

　　应届毕业生小陈因为一份简历而在应聘时栽了跟头。

事情的经过是这样的：参加招聘会的那天早上，小陈不慎碰倒水杯，将放在桌上的简历打湿了。为尽快赶到会场，小陈只是将简历简单晾晒一下，便和其他东西一起匆匆塞进背包。

在招聘会现场，小陈看中深圳一家房地产公司广告策划主管的岗位。按照这家企业的要求，招聘人员将先与应聘者简单交谈，再收简历，被收简历的人将得到面试的机会。

轮到小陈时，招聘人员仅问了三个问题，便向他要简历。小陈受宠若惊地掏出简历时，才发现，简历上不光有一大片水渍，而且放在包里一揉，再加上钥匙等东西的划痕，已经不成样子了。小陈努力将它弄平整，递了过去。看着这份伤痕累累的简历，招聘人员的眉头皱了皱，还是收下了。那份折皱的简历夹在一叠整洁的简历里，显得十分刺眼。

三天后，小陈参加了面试，表现非常活跃，无论是现场操作photoshop，还是为虚拟的产品做口头推介，他都完成得不错。在校读书时曾身为学校戏剧社骨干社员的小陈，还即兴表演了一段小品，赢得面试负责人的啧啧称赞。当他结束面试走出办公室时，一位负责的女士对他说："你是今天面试者中最出色的一个。"

然而，面试过去一周后，小陈依然没有得到回复。他急了，忍不住打电话向那位女士询问情况。女士沉默了一会儿，告诉他："其实招聘负责人对你是很满意的，但你败在了简历上。老总说，一个连简历都保管不好的人，是管理不好一个部门的。你应该知道，简历实际上代表的是你的个人形象。将一份凌乱的简历投出去，有失严谨。"

这件事给了小陈深刻的教训，从此，他变得细心起来。他深切感到，决定事情成败的，有时只是一个小小的细节。

所以说，想要成功，就不能粗心大意。成功在很大程度上需要周密的准备，三思而后行，才能把风险降到最低。因此不管马虎粗心是天性也好，是后天养成的恶习也罢，只要你还在追求成功，就必须下定决心，克服这个坏毛病。

## 别再让逃避的念头蠢蠢欲动

习惯逃避现实的人，永远也无法获得成功。生命中总有这样或那样的挫折，只有勇敢面对，才能真正地享受生活。不管结局怎样，都不要做一个逃避的人。

他相貌平平，毕业于一所毫无名气的专科院校，在来自各个名牌大学、头上顶着硕士、博士光环的应聘者中，他的表现却像是一个麻省理工学院留学生。

尽管他表现得自信，但面试官还是给了一个令他失望的答复：他的专业能力并不足以胜任这个职位。这是事实。

他在得知自己被淘汰出局以后，显得有点失落，但这个表情转瞬即逝，他并没有马上离开，而是笑了笑对面试官说："请问，您是否可以给我一张名片？"

面试官微微愣了一下，表情冷冷的，他心里对那些应聘失败后死缠烂打的求职者没有好感。

"虽然我不能幸运地和您在同一家公司工作，但或许我们可以成为朋友。"他解释说。

"你这样认为？"面试官的口气中带了一点轻视。

"任何朋友都是从陌生开始的。如果有一天你找不到人打乒乓球，可以找我。"

面试官看了他一会儿，掏出了名片。

那个面试官确实很喜欢打乒乓球，不过朋友们都很忙，他经常为找不到伴儿打球而烦恼。后来，面试官和那个面试者成了朋友。

熟悉了以后，面试官问面试者："你不觉得自己当时提的要求有点过分吗？你当时只是一个来找工作的人，你不觉得你自我感觉太好了点吗？"

他说："我不觉得，在我看来，人与人之间是平等的。什么地位、财富、学历、家世于我而言没有意义。"

面试官笑了，他甚至觉得这个朋友有点可爱，他笑着问："要是当初我不理你，你怎么下台？"

"我可能没法下台，但我不允许自己不去尝试。其实很多人不敢去做一些事情，并不是害怕失败本身，而是失败以后的尴尬，人们觉得这很丢脸。可是，真正丢脸的并不是失败，而是不敢去开始。"

接着他说："大学的时候，我曾经非常喜欢一个女孩，可是我一直害怕被她拒绝，怕她说'你是一个好人……'，如果这样我会无地自容。所以大学那四年，我只敢远远地看着她，后来我偶然得知，她以前一直对我有好感，只是此时她已经找到了真正的归宿，我错过了本该属于我的幸福！"

"这是我迄今为止最大的遗憾，它是那样令我懊悔、心痛。自此以后，每每怯懦、退缩的念头冒出来时，我就会以此来告诫自己，不要怕可能出现的失败。否则，还是会一次次地错过。现在，我已经可以敢于迎向一切了，不管前面是一个吸引我的女孩儿，还是万人大会的讲台，我都会毫不迟疑地迎上去，虽然我知道这可能会失败，虽然我知道自己也许还不够资格。"

永远不要逃避，你所走的每一步都决定着最后的结局。面对，是人生的一种精神。想要成功，获得大的成就，首先就要敢于面对，只有面对了才可能拥有。即使最后没能如愿以偿，至少也不会那么遗憾。我们做事，结果固然重要，但过程也同样美丽。

第五章

# 格局进化

升级大脑系统的意识形态

一个人想要成就大事，首先就要有成为大人物的意识。格局是一个人对人生执着的追求，也是一种渴望，更是一种争取人生有所为的心理反映。就像贝尔博士所说的那样——"时刻想着成功、看看成功，心中便有一股力量催人奋进，当水到渠成之时，你就可以支配环境了。"

## 塑造一个全新的自我意象

现代心理学的研究发现，人性是完全可以通过后天的努力加以塑造的。正是在这一基础之上，心理学家提出了"自我意象"这一概念。

"自我意象"这一概念的提出，是心理学和个性创造领域的一大突破，也是20世纪重要的心理学发现。

"自我意象"是指一个人的心理和精神上的观念，或其自我"图像"，是左右人的个性和行为的真正关键。改变自我意象就能改变自己的个性和行为，但这并不是全部。"自我意象"同时也决定一个人成就的大小。它决定你能做什么和不能做什么。如果你扩展了自我意象，就能扩展自己的"潜在领域"。发展适当的自我意象能使你富有新的能量和才华，并最终将失败转化为成功。

任何人的心中都有一幅心理蓝图，也可以说是一种自我的图像。自我意象就是我们经常对自己持有的一种自我观念，它建立在我们的自我信念之上。但是，绝大部分自我信念都是根据我们过去的经验、我们的成功与失败、我们的屈辱与胜利，以及他人对我们的反馈，特别是童年的经验而不自觉地形成的。根据这一切，我们在心里造成了一个"自我"（一幅自我图像）。对我们自己而言，一旦某种与自己有关的思想或信念进入这幅肖像，它就变成了"真实的"，我们会根据它去活动。

自我意象之所以能成为塑造和超越自己的一把金钥匙，是因为以下两个重大的发现：

（1）人的所有行为、感情、举止，甚至才能，永远与自我意象相一致。

总而言之，你把自己定位成什么样的人，你也就会模仿你想象中的那种人行事，如果你把自己想象成"失败型"的人，你就会失败，尽管你有良好的愿望、顽强的意志力，甚至机遇也完全对你有利。把自己想象成一个成功者，你就会不断地努力，最终走向成功。

自我意象是一个前提、一个根据，或一个基础，人的全部个性、行为都建立在这个基础之上。例如，一个孩子要把自己归类成"不及格"型的学生或者"算术不开窍"的学生，他就总会在自己的成绩单上找到证据；一个自以为没人喜欢的女孩子会发现自己在舞会上总是没人理睬，造成这样的原因完全是因为她自己，她那愁眉苦脸的表情，急于取悦别人的焦虑，或者对周围人的下意识的敌意，都会把对她感兴趣的人拒之于千里之外；一个推销员或者商人抱有同样的态度，他也会发现自己的实际经验能够"证明"他的自我意象在起作用。

由于有这种客观的"证据",使人很难会发现问题出在他的自我意象或者自我评价上。但是,一旦说服他们改变自我意象,那么学生的成绩和推销员的业绩就会发生奇迹般的变化。

(2)自我意象是可以改变的。

有很多例子证明,一个人不论年纪大小,都可以改变他的自我意象,开始新的生活。

一个人无法改变他的习惯、个性或生活方式的主要原因是:几乎所有试图改变的努力都集中在所谓自我的圆周上而不是圆心上。很多人认为,"积极心态"已经尝试过了,但不起作用。但如果进一步追问他们就不难发觉,这些人都是正在运用或者试图运用"积极心态",他们首先改变的是自己特定的外在环境、特定的习惯,或性格缺陷,却从来没有想到要改变造成这些状况的自我认识。

自我意象心理学的先驱之一普莱斯科特·雷奇,最早对这个问题做过很有说服力的实验。他认为,个性是"一套思想体系",思想与思想之间必须一致。同这个体系不一致的思想就会受到排斥,不被相信,也不能引导人的行为;与这个体系一致的思想则被采纳。而它的中心是自我意象。雷奇是一个教师,他通过几千个学生来验证他的理论。

雷奇认为,如果某学生学习某一科目有困难,可能是因为(从学生的角度看)他不适合学习这门学科。然而雷奇相信,如果改变学生的这种自我观念,那么他对这门学科的态度也就会相应地改变。如果引导学生改变他的自我定义,其学习能力也会改变。这种理论得到了验证:有一个学生在100个单词中拼错了55个,而且多门课程都不及格,所以丧失了一年的学分。但第二年各科成绩平均91分，成为全校拼写最优秀的学生。另外一个男孩因为成绩太差被迫退学，而进入大学后却成为全优生。一个姑娘拉丁文考了四次都不及格，学校的辅导员与她谈了几次话后，最后她以84分的成绩通过了。一位男生被一个考核机构断定为"写作能力欠缺者"，却在第二年荣获学校文学奖……

这些问题的存在并不能说学生的头脑迟钝或者是缺乏能力，这只能说他们的自我意象不恰当。他们"确认"了自己的错误和失败，并不是说"我考试失败"了，而是认为"我是个失败者"；不是说"我这门不及格"，而是说"我是个不及格的学生"。

例如，有的人特别怕见生人，过去很少出门，现在却以公开演讲为生；有一位推销员曾认为自己"不是干推销的料"而写了辞职信，6个月之后却成为100位推销员中的佼佼者。只要你勇于放弃旧的自我，一个新的自我就一定能诞生。

## 为人生做份可行的大策划

人生的模样在于自我的策划，有什么样的目标就有什么样的人生，你为人生做出一个好的策划，才能朝着好的方向进行。

常有一些年龄大的人感叹："我这辈子最大的问题就在于没有目标。"说这样的话，只能说明他们还没有了解目标的真正意义。事实上，每个人都是有目标的，小到多挣几百块钱，大到追求快乐而避开痛苦，都是目标。只不过，真正有意义的目标应该是能够促使人们拿出行动去追求高素质的人生。如果你所追求的目标真的就是多挣几百块钱用以偿付每月恼人的账单，那你的人生也就不可能有多大的意义了。

如果你期望自身的潜能能够得以充分发挥，那么就要给人生做一个大策划，为人生订下一个大目标，这样，你才会愿意去挑战，才能够在挑战中发现无穷无尽的机会，使人生进入更高的层次。

一个冬天，在美国西部洛杉矶市郊的一间屋子里，一个15岁的腼腆少年——约翰·葛达德——正在厨房的桌子前做着生物学家庭作业。这时他听到隔壁房间父母的一位朋友说："如果让我回到约翰的年纪，我干的事就大不一样！"这句话深深触动了葛达德的心。他在日记本新的一页上端正地写道："我的终生计划。"葛达德花了五个小时，一口气写下了127个目标。下面这些是目标中的一部分：

目标第一：探索尼罗河；

目标第二十一：登上珠穆朗玛峰；

目标第四十：驾驶飞机；

目标第五十四：去南、北极；

目标第一百一十一：读完莎士比亚、柏拉图等十七位大师的全部名著；

目标第一百二十五：登上遥远、美丽的月球。

为了实现这些梦想，葛达德在他的小册子上写上了周计划和月计划。他每周都要量体重、清理衣橱、分析食谱和自我检查行动的得失。每天早晨他花六十分钟练习杠铃、拉力器和单杠，以保持优美健康的体形。总之，葛达德全力以赴地朝着自己订下的目标而努力着。每当他实现了一个目标，他便带着甜美的神情，在一个"目标"旁边画上一个代表成功的红色标记。结果怎么样呢？

到葛达德61岁的时候，他已经成功实现了127个目标中的108个。

例如他的第四十个目标是驾驶飞机，他后来驾驶过四十六种飞机，其中包括时速达到2414千米的F-111战斗机；他把自己实现第一个目标的经历写成了一本名叫《漂下尼罗河的皮划子》的畅销书。

"志不立，天下无可成之事。"立志是人生的起跑点，反映着一个人的理想、胸怀、情趣和价值观，影响着一个人的奋斗目标及成就的大小。所以，在规划人生时，首先要确立志向，这是人生成败的关键，也是最重要的一点。

## 让观念始终处于领先状态

任何一个人的内心想法，都是一个构造独特的世界，蕴藏着极大的能量。它的爆发，既可以将你推入万丈深渊，也可以助你走向成功的彼岸。我们要想获取成就，就必须先有自己的思想。没有思想，意识处于混沌时期，连认识自己和看清别人都无法做到，更难对身边的状况做出良好回应。有自己的独特想法，确立正确的人生观，随着时代的改变迅速调整自己的观念，我们才算有好的人生的基础和起点。

一个人，只有观念领先了，才会有行动的领先，继而是成就的领先。

多年前，一个新生命在美国犹他州诞生，仿佛是天性使然，他从小就厌倦学校和教会带给自己的束缚，拒不接受传统思想。到了14岁，他忽然想去工作，可年龄又不够，于是他伪造洗礼证书，宣称自己满16岁，混进了一家罐头厂干起了倒污水的工作，又先后做过乳牛场伙计、搬运工、屠宰厂工人、农场农药喷洒工……

身边的亲人都说他太叛逆，将来很难成才，对他不抱什么希望。他27岁时，一家消费金融公司给了他一份正当工作。可是他依然不安分，在他的影响下，几个平均年龄只有二十来岁的年轻人跟随他甩开膀子干，他们的努力取得了很好的效果，公司的业绩奇迹般高速增长，但公司思想保守的领导层最终还是容不下他。不到一年，他就被逐出了公司。后来他流浪到了西雅图市，偶然的机会进入一家金融集团干起了主持筹办消费者借贷业务的行当，日久天长，他不守规矩的本性又渐渐显露出来，在那个保守风气盛行的年代，他破除陈规，改革创新组织与管理的努力再一次流产了。

36岁那年，已是3个孩子父亲的他生活十分窘迫，走投无路的他不得已敲开了美国国家商业银行的门，当了一名实习生，所干的工作与勤杂工差不多，近四十岁了经常被各部门调来调去，任人差遣和使唤。

这样的生活，他熬了16年，叛逆的个性让他吃尽了苦头，受尽了磨难，却没干成过任何一桩他想干的事。可是，倔强的他不断告诫自己，这一辈子一定要找到一次出彩的机会。

43岁时，在许多人对人生已不再抱出彩希望的时候，他赢得了生命中的一次转机。美国国家商业银行开发信用卡业务，他争取到了一个协助工作的角色，并以超越了非传统的想法获得了银行高层的支持。带着30多年来一直对创新组织与管理的向往与实践，经过近两年的积极探索，他终于成功了。在当时没有互联网的情况下，他发展出一套"价值交换"的全球系统，并借此创建了一个组织"VISA（维萨）国际"，以至在以后的22年里，成为奥林匹克运动会的铁杆赞助商。如今维萨的营业额是沃尔玛的10倍，市场价值是通用电气的2倍，成了全球最大商业公司，世界超过六分之一的人口成为它的客户。他自然而然地被推上了维萨信用卡网络公司创始人的位置，后来又成为"混序联盟"的创始人及CEO（首席执行官）。

他就是入选企业名人堂，并被美国颇具影响力的《金钱》杂志评为"过去25年间最能改变人们生活方式的八大人物"之一，他的名字叫——迪伊·霍克。

迪伊·霍克，这位几十年抱着坚定信念挣扎在人生底层的超常思维大师，耗尽他大半生的时光，终于为他平凡的生命画出了一道世上最绚丽的弧，他独特的创业管理理念——"问题永远不在于如何使头脑里产生崭新的、创造性的思想，而在于淘汰旧观念"，让很多人受益匪浅。

要想改变我们的人生，首先就要改变我们心中的想法。只要想法是正确的，我们的世界就会是光明的。事实上，我们与那些成功者之间并无太大差别，真正的区别就在于观念：他们一直驾驭着观念，而我们则一直在被观念所驾驭。观念的正确与否，决定了谁是坐骑、谁是骑师。

## 把自己放在前途无量的位置上

每一个人心里都有一幅自画像。如果你认为自己是最好的，那么心理图画上就会出现一个踌躇满志、不断进取、勇于开拓创新的自我。同时，还会不断收到来自心理的积极暗示。相反，如果你认为自己是差劲的、落后的，你的生活注定就是这个样子的，那么你的人生肯定会是失败的。

一位长跑运动员参加一个五人小组的比赛，赛前教练对他说：据我了解，其他四人的实力并不如你。

于是，这名运动员轻松地跑了第一名。后来教练又让他参加了一个十人小组的比赛，教练把平时其他人的成绩拿给他看，他发现别人的成绩并不如自己，他又轻松跑了第一名。

后来，这个运动员又参加了二十个人的小组比赛，教练说，你只要战胜其中的一个人,你就能取得胜利,结果,比赛中他紧跟着教练说的那个运动员,并在最后冲刺时,又取得了第一名。

再后来,换了一个地方,赛前,关于其他运动员的情况,教练并没和他沟通过,在五人小组的比赛中,他勉强拿了第一名,后来十人小组的比赛中,他滑到了第二名,二十人的比赛中,他仅仅拿了第五名。而实际的情况是:这次各个组的其他参赛运动员,同第一次的水平完全相同。

生活中的我们往往就是这样,总是低估了自己的水平,导致潜质挖掘不出来,最后一步步从优秀走向了平庸。人,还是应该充分挖掘自己的潜能,充分挖掘自己的潜能并不是说要不可一世,而是给自己设定一个可行又不乏高远的目标,刺激自己不断进取,并一步步向着更高的目标迈进。

人的意识具有操纵人类命运的巨大能力。如果意识中有一个目标,人就会为实现这个目标而行动起来;如果意识中有一个指令,人就会认真执行这个指令。所以说,一个人想着成功,就可能成功;想着失败,就会失败。一个人期望的多,获得的也多;期望的少,获得的也少。成功产生在那些具有成功意识的人身上,而失败的根源在于人们不自觉地认为自己会失败。

内森·菲利安出生在加拿大安大略省的一个小镇。他一共有八个兄弟姐妹,家境贫寒,所以15岁就到采石场干活了。但菲利安并不甘心自己的一生就困在采石场中,他常常会利用一些闲暇时间听老人们讲述小镇的历史。从那些交谈中,他了解到了外面的世界与小镇的差距,他决定要到外面闯一闯。18岁那年，他辗转来到多伦多，又从那里到了美国。

在美国的生活非常困苦，有多少次他都想回家乡，感受家乡的温暖，但每每此时，另一个声音就会在心中响起："你是要改变命运的！"

在不懈的努力下，20岁时，菲利安获得了石匠资质认证，不久，政府决定在林肯纪念碑上雕刻林肯的"葛底斯堡讲演词"，菲利安凭借出色的技艺成功入选。在雕刻林肯讲演词的时候，菲利安被林肯的人生经历彻底打动了。他想：林肯早期的命运几乎和自己一样，但他坚信自己会是个出色的人，在一次次的失败以后一次次地站了起来，最后竟然成了最伟大的总统。那么，如果自己决心改变命运，也一定是能够做得到的。

从那一刻起，他心中的信念更坚定了：菲利安一定能够成为更有用的人！他要当律师。菲利安过去只在小镇上过几年学，想到华盛顿大学国家法律中心学习，这个事情的难度不言而喻，何况他每天还要参加大量的工作。但是，困难并没有削弱菲利安改变命运的意志，他一下班就去夜校进修英文，他的工作兜里除了凿子、锤子还时刻都装着课本，他在吃饭的时候都不忘记学习……

苦心人，天不负。菲利安终于考入了华盛顿大学国家法律中心，他在几年的时间里先后获得了法学学士和法学硕士学位。他先是在华盛顿担任律师，工作非常出色，得到了人们的认可，也为自己赚下了第一桶金。后来，他前往纽约开办了一家法律事务所，逐步进入了美国的上流社会。

相信自己能够成功，往往自己就能成功，这是人的意识在起作用。一个人如果下定决心做成某件事，那么，他就会凭借意识的驱动力量，跨越前进道路上的重重障碍，成功也就有了切实可靠的保证。

每个人原本都是优秀的，只不过有些人把自己看得太低，所以一步步地将自己从优秀的高位上拉了下来，一直拉到了平庸的位置上。自甘平庸，是人生的悲剧。而导演这场悲剧的，恰恰就是我们自己。

想要成功，就要相信你自己，把自己永远放在前途无量的位置上。我们现在可能还不够优秀，但我们也有权利追求优秀。也许追求优秀需要勇气，更需要付出，但行动和坚持会告诉我们，这样做本身便是收获。

## 别让你的目标处于低层次

因为梦想和现实总有距离，所以你的"梦想"可以不必过于"真实"。哪怕有人认为你的想法只是"痴人说梦"，你也大可不必放在心上，毕竟超越了现实的梦想才值得我们用心去追逐，也才能够真正地发挥出我们的潜能。

人都有这样的体会：当你确定只走1公里路的时候，在完成0.8公里时，便会有可能感觉到累而变得松懈，以为反正快到了。但如果你要走10公里路程，你便会做好思想准备，调动各方面的潜在力量，这样走七八公里，才可能会稍微放松一点。梦想与现实的关系也同样如此，你的梦想越远大，你为之而付出的努力就会越多，即便达不到自己理想的状态，你也能够取得非凡的成就。

一个具有远大梦想的人，毫无疑问会比一个根本没有目标的人更有作为。有句苏格兰谚语说："扯住金制长袍的人，或许可以得到一只金袖子。"那些志存高远的人，所取得的成就必定远远离开起点。即使你的目标没有完全实现，你为之付出的努力本身也会让你受益终生。

几年以前的一个炎热的日子，一群人正在铁路的路基上工作，这时，一列缓缓开来的火车打断了他们的工作：火车停了下来，最后一节车厢的窗户——顺便说一句，这节车厢是特制的并且带有空调——被人打开了，一个低沉的、友好的声音响了起来："大卫，是你吗？"大卫·安德森——这群人的负责人回答说："是我，吉姆，见到你真高兴。"于是，大卫·安德森和吉姆·墨菲——铁路公司的总裁，进行了愉快的交谈。在长达1个多小时的愉快交谈之后，两人热情地握手道别。

大卫·安德森的下属立刻包围了他，他们对于他是墨菲铁路公司总裁的朋友这一点感到非常震惊！大卫解释说，20多年以前，他和吉姆·墨菲是在同一天开始为这条铁路工作的。

其中一个人半认真半开玩笑地问大卫，为什么他现在仍在骄阳下工作，而吉姆·墨菲却成了总裁。大卫非常惆怅地说："23年前我为1小时1.75美元的薪水而工作，而吉姆·墨菲却是为这条铁路而工作。"

美国潜能成功学大师安东尼·罗宾说："如果你是个业务员，赚1

万美元容易,还是赚10万美元容易?告诉你,是10万美元!为什么呢?如果你的目标是赚1万美元,那么你的打算不过是能糊口罢了。如果这就是你的目标与你工作的原因,请问你工作时会兴奋有劲吗?你会热情洋溢吗?"

卓越的人生是梦想的产物。可以说,梦想越高,人生就越丰富,达成的成就也越卓绝。相反,梦想越低,人生的可塑性越差。也就是人们常说的:"期望值越高,达成期望的可能性越大。"

## 对自己要有客观的认知与评估

人生是一个不可逆转与重复的过程,要提高人的社会价值,使人生更有意义,就必须善于认识自己、设计自己、控制自己,使个人的发展与社会的进步相协调、相匹配。精神层面的提升源于不断地思考、认知、体验和调节,并决定了以怎样的姿态存活于世,正如于身前置一面镜子,你看到的,就是你所选择要表达的。

"自知"这个词大家都不陌生,就是人对自己的了解。人常说"贵在有自知之明",一个"贵"字,足以见得自知是何其不易;又一个"明"字,更可见自知是何其智慧。其实,多数人都是不自知的,这就像"目不见睫"——人眼可以看到百尺以外的东西，却看不到自己的睫毛，又或可以说"不识庐山真面目，只缘身在此山中"。

人不自知，归根结底还是自我意识太重、主观性太强。我们都认为自己不错，也喜欢听别人夸赞自己，而对于自己的缺点，我们会本能地去掩饰，对于别人的批评，我们会本能地去排斥。于是久而久之，我们心中的眼睛蒙了尘，便会越发地看不清自己。

不自知最常见的行为表现便是自恋，就像我们之中的一些人，总是觉得自己万般皆好，真是怎么看怎么顺眼，亦如唐人郑谷所说的那样——"举世何人肯自知，须逢精鉴定妍媸。若教嫫母临明镜，也道不劳红粉施。"嫫母是谁大家想必知道，黄帝的妻子，贤良淑德，但其相貌确实不敢恭维，郑谷以此为喻，倒是将世人的自恋姿态描绘得淋漓尽致。在古典名著《西游记》中也有这样一段，老猪去会自己的情人，曾自言道："今日赴佳期去，对着月色，照着水影，是一表好人物。"这样看来，老猪还是有点自知之明的，"对着月色，照着水影"，一片朦胧，若不细看他倒也是"一表好人物"。不过，这若是换在光天化日之下，对着水棱明镜，想必老猪也是知道害羞的吧。

生活中有些人自以为是、自骄自满……听到些许夸赞，便以为自己完美无缺；有了些许成绩，便以为自己无所不能；有点声名地位，便开始目中无人……不可否认，我们之中的确有这样的人存在，而且绝不是少数，不管你是不是这样的人，至少，我们应该在心里给自己拉响一个警钟，别让自己掉入"不自知"的陷阱之中。

美国大文学家马克·吐温就曾犯过这种错误。他年轻时和我们之中的很多人一样，每日做着发财梦，一心想在资本投资上捞一笔。但事实上，这个人有文学头脑却无经济头脑，于是乎输得一塌糊涂。一直到了58岁那年，穷困潦倒的马克·吐温才认清自己，开始一心致力于写作。然后你猜怎么样？他仅仅用了3年的时间便还清了所有债务，最终成为举世闻名的大文豪。

这真的不由你不服气。一个人无论才能有多大，如果认不清自己，找不到适合自己发挥的场所，那就注定与成功无缘。

一个人，只有客观地看待自己，才能对事物做出准确的判断。反之，若是脱离基本事实，过高或过低地评估自己，为自己确立一个不合实际的定位，就只能重复着错误的选择，到头来自食苦果。也可以这样说，我们的心中都有一杆秤，若是称轻了自己，那就很容易自卑；若是称重了自己，那就难免要自负，唯有称得恰如其分，我们才能实事求是地认知自己，知道自己的斤两，才能给自己一个准确的定位。不过事实是，我们称轻的时候有，但称重的时候更多，所以不免有些不知轻重，给自己带来了不少不必要的尴尬和痛苦。

有时，我们感觉前途渺茫，对于生活抛给我们的难题，我们若想有一个正确答案，首先必须对自己有一个正确的认知，及时纠正自己的目标和行动，只有这样我们才能少走弯路。

第六章

# 语　商

## 强化人际沟通的掌控能力

影响力,很大程度上取决于一个人的语言能力。语言是有声的思想,所以语言具有很强大的力量。语商对于我们而言,也非常重要。有了影响力,一切皆有可能。

## 下意识强化语言的掌控能力

在现代社会里,构成社会的各个要素都处在复杂的联系和不断的流动状态中,如人流、物流、信息流,其中,人是形成这种流动的核心和关键。而人与人之间的联系和交流,必须通过语言才能实现。随着社会的发展,人们对口语表达能力的要求也越来越高。

社会发展到今天,口才是一种核心竞争力,生活中很多人口才不好,许多本应属于他们的机会——高薪、升职、事业、爱情……都因为拙嘴笨舌、不善言语而与其擦肩而过。语言掌控力决定人的生活质量,影响人的一生。

在欧美国家,政治家的个人魅力和政治前途紧密相连。在选举中,作为候选人,他们不仅要在公开场合把话说得让人信服,而且要在唇枪舌剑中向选民展示自己的个人魅力以及政治才华。美国田纳西大学金融学院教授詹姆斯·史密斯和副教授拉里·法罗通过研究发现，政治家演讲时的表现能够影响其所在州的经济状况——如果州长演讲的内容消极悲观，他所在的州吸引投资能力会减少2%。玛丽莲·梦露的前夫、美国最伟大的剧作家之一阿瑟·米勒，在其作品《政治和表演艺术》一书也曾写道："形象和表演对于政治非常重要。戴上面具，换上另外一种角色，政治家准备好了用自己的魅力赢得选举。"

美国的总统有不少人都是口才非凡的。林肯相貌不佳，口才却在一定程度上帮他弥补了这种缺憾。他的葛底斯堡演说名垂青史，成为演说家的范本；肯尼迪出言有章，雄辩滔滔，风度翩翩；好口才使克林顿成为仅次于西奥多·罗斯福和约翰·肯尼迪之后的最年轻的美国总统，以及富兰克林·罗斯福之后连任成功的唯一的一位民主党总统，也是受民众肯定最多的总统之一；奥巴马的口才有目共睹，他被认为是富有超强感染力的演说家。

在英国政治家中，语言能力最好的当数丘吉尔，他铿锵有力的话语征服了英国民众的心，鼓舞他们与纳粹斗争到底。他说："我们要保护我们的岛屿，无论代价几何。我们在海滩战斗，在机场战斗，在田地和街巷战斗，在高山上战斗；我们永不投降。"

卡梅伦之所以能够成为功，其良好的口才帮了他很大的忙。2005年，卡梅伦竞选英国保守党领袖，虽然在当时看来，他并不是最有力的竞争者，但他在台上从容不迫的脱稿演说，和富有思想的个人魅力，为他赢得了保守党成员的支持。卡梅伦的演讲获得长达3分钟的掌声，最终令他从普通保守党议员成为保守党领袖，一跃成为英国最炙手可热的政治新星。5年以后，他成为英国首相。

事实上，卡梅伦的好口才也不是天生的，他刚刚步入政界的时候，发展得并不顺利，原因之一就是口才不好，他的演讲总是显得呆板，缺少生气和感染力。卡梅伦心知肚明，想要更进一步，就必须提升自己的语言能力。他的方法之一就是在英国议会传统项目"首相的问题"（英国首相每周要去下议院回答议员问题）中向首相发问。布莱尔曾在这一环节做得很好，当卡梅伦任首相时，他被认为比布莱尔做得还好，这也许得益于他此前的经验。

事实上，不仅公众人物需要提升语言能力，作为普通民众的我们也一样需要着力打造自己的口才。21世纪，社会飞速发展，信息共享，把人与人拉得如此近，快速地创造着一个又一个令人目不暇接的传奇与成功。可以毫不夸张地说，只要你愿意，你几乎可以从零起步，快速地成就自我。

要想成就自我，你首先需要锻造的就是超强的语言能力，这样才能让自己在最短的时间里有效地影响更多的听众。不管你是经营企业还是经营自我，要想在21世纪赢得现在，成就未来，就必须从现在起，用心地提升自己的语言能力，不断地磨炼你的口才，这样，成功就离你不会太远。

# 借助体态语提升个人气场

肢体语言是信息发送者把要发送的信息,通过仪表、姿势、表情、动作等传送到信息接收者的视觉器官,再通过信息接收者的视觉神经作用于大脑,从而引起积极反应,实现信息发送者的目的的一种表达方式。肢体语言包括面部表情、目光接触、身体姿势、人际空间距离、服饰语言等多种方式。

肢体语言直接诉诸人们的视觉器官,在人际交往过程中具有十分重要的意义。心理学家阿尔·伯特梅拉比安曾发现这样一个有趣的公式:一条信息的表达效果=7%的语言+38%的声音+55%的肢体语言。这表明,人们获得的信息大部分来自视觉印象。因而美国心理学家艾德华·霍尔曾十分肯定地说:"无声语言所显示的意义要比有声语言多得多。"肢体语言独特的有形性、可视性和直接性,对谈吐来说,具有不可低估的特殊价值。

肢体语言有助于形成第一印象,体现气质风度,塑造美的形象。

社会心理学有一个理论叫"晕轮效应"。这一理论认为,一个人留给别人的"第一印象",往往成为别人对其做出判断的心理依据。心理学家雪莱·蔡根曾经做过一个非常有趣的实验:她在莫萨立顿大学挑选了68个自愿参加实验的大学生。在口才、外貌以及对事物的理解力和判断力上,这些大学生几乎没有什么区别;但在风度仪表方面,有些大学生风度翩翩、气质不俗,有些则仪态平平、气质一般。根据事先的安排，这68个大学生分别向4位素不相识的路人征求意见，希望获得他们的支持。结果，风度翩翩的大学生获得的支持率要远远高于仪态平平的大学生。

2012年，奥巴马在第一场大选辩论中输给共和党的罗姆尼时，有一些评论家就将这场失败归咎于他那"负能量满满"的肢体语言，以及他频频俯视瘪嘴的习惯，这些动作让他显得"倦怠而且准备不足"。

另外，有声语言在表情达意上是存在着局限的。有声语言常常把所要表达意思的一部分甚至大部分隐藏起来，造成所谓的"辞不达意""言不由衷"。根据弗洛伊德的解释，这大概是因为经过理性加工的语言往往不能直率地表露一个人的深层心理和真实意向。对听者来说，有声语言的这种无形性、隐藏性和间接性，往往叫他们难以完全地领会说话者的意思。因此，仅依赖文字语言我们永远也不会明白一个人说话的完整含义。

肢体语言能够弥补有声语言的这些不足。它能通过有形可视的、具有丰富表现力的各种动作和表情，协助有声语言将内容准确无误地表达出来。视、听双管齐下，能给听者以完整、确切的印象。石油大王洛克菲勒就深谙此道。他常常用钱币作为道具在桌上演示，说明工人与资本家之间的利益关系，这给工人们留下了非常深刻的印象。专家指出，医生在问诊时尤其要注意兼顾有声语言和肢体语言，这样才能给病人更有效的提示，从而获得更为确切的信息，做出准确的诊断。

不仅如此，肢体语言还能加强表达语气，显示出人内在的情感和态度，使情绪、观点、意见在无形之中得到有力的强调。比如说，教师运用一定的体态动作来教学，可以调节课堂气氛、突出教学重点、改善学生的信息接收率。根据美国心理学家调查，如果教师在讲课时距离学生很远并且毫无表情和动作，学生就只能接受教师发出信息的25%；如果教师在授课过程中使用图表、字幕等直观的教具，学生的信息接收率可提高到40%～50%；如果教师用教鞭指着讲解，并配以恰当的手势和动作，学生的信息接收率即可高达75%以上。由此可见，有声语言和肢体语言是相辅相成的。

肢体语言不但能与有声语言互为补充，还能使说话者以动态、直观的形象出现在听者的面前，给他们以直接的印象。肢体语言直接构成主体的体态形象，这种形象不仅仅是外观造型意义上的，它还鲜明地体现着主体的内在气质、风度和人格。在日常生活的谈话中，人们的举手投足、一颦一笑，无不传递着大量的信息，显露出主体的思想感情、爱憎好恶和文化修养。因此，人们往往通过别人的体态动作去衡量别人的价值，同时也通过自己的动作和姿势来表现个人的风度。

体态语的设计和运用能大大增强这种美学效果，使谈话者声情并茂、形神兼备，还能展现出谈话者风度翩翩、仪态万方的气质。有经验的口才家总是善于运用恰当、独特的体态动作来改变自己的形象。

据说，美国前总统肯尼迪具有"超凡的魅力"。在公众场合，不管他说什么，只要做几个动作，就能把听众吸引住。其实他的身材并不算高大，但他那精心设计过的肢体语言却总是能给人一种形象高大的印象。肯尼迪的魅力可以说是来自他体态的魅力、风度的魅力、气质的魅力。拥有了优美的体态风度，就能在与人交流之初建立良好的第一印象，使自己的形象符合对方的期待，一开始就从感觉上、心理上打通了与对方交流的渠道。

总之，在与他人的沟通交流过程中，我们不仅需要恰到好处地运用语言，还应当尽可能地运用肢体语言来支持与配合。如果我们每个人都能得体地应用自己的目光、表情、手势、姿势等肢体语言和别人进行非语言的交流，必然能创造良好的沟通氛围，增强对他人的感染力，显示出自己卓越的沟通才能。

## 说服须以摸透人的心理为前提

要达到说服的目的，就要抓住人性的特点，摸透人们的心理，几乎每个人都喜欢别人按照自己的意图行事，我们应该学会顺应人们这种心理，既让对方满意，又达到了自己的目的，何乐而不为呢？

罗斯福做纽约州州长的时候，完成了一项特殊事业。他与其他政治首脑们感情并不好，但他却能推行他们最不喜欢的改革。

他是如何做的呢？

当有重要位置需要补缺的时候，罗斯福请政治首脑们推荐。

"最初，"罗斯福说，"他们会推荐一个能力很差的人选，一个根本不能胜任这个位置的人。我就告诉他们，任命这样一个人，我不能算是一个好的政治家，因为公众不会同意。

"然后，他们向我提出另一个工作不主动的候选人，是来混差事的那种人。这个人工作没有失误，但也不会有什么很好的政绩，我就告诉他们，这个人也不能满足公众的期望，我请他们看看，能不能找到一个更适合这个位置的人。

"他们的第三个提议是一个差不多够格的人，但也不十分合适。

"于是我感谢他们，请他们再试一次。他们这时就提出了我自己选中的那个人。我对他们的帮助表示感谢，然后我说就任命这个人吧。我让他们得到了推荐人选的功劳……我请他们帮我做这些事，为的是使他们愉快，现在轮到他们使我愉快了。"

他们真的这样做了。他们赞成各种改革，如公民服役案、免税案等，这使罗斯福工作愉快。

艾登·博格基尼是美国著名的音乐经纪人之一。他曾做过许多世界著名演唱家的经纪人，并且十分成功。

卡尼斯·基尔勃格是美国著名的男歌手，他那浑厚、激昂的嗓音赢得了众人的青睐。但就是这种青睐，使他养成了一种坏脾气。可是，艾登·博格基尼却成功地做了他的音乐经纪人达5年之久。说到其中奥妙，艾登·博格基尼谈了一件令他难忘的事：

一次演出的前一天晚上，卡尼斯·基尔勃格在与朋友的聚会上不小心吃了一块辣椒。结果可想而知。万幸的是及时采取了措施，还没有什么大的妨碍。

但是当天下午4点，卡尼斯·基尔勃格打电话给艾登·博格基尼，说他的嗓子又痛了起来，无法演出。这下急坏了博格基尼，他立刻赶到了基尔勃格的住所，询问他的情况。他十分明智，没有提当天晚上的事，只是叮嘱他好好休息。下午6点，博格基尼又来询问了一次，基尔勃格看起来仍十分难受，博格基尼只好压住焦急的情绪，安慰了他几句。

晚上7点，仍不见好转，博格基尼对基尔勃格说："既然你仍不能进入状态，那就只好取消这次演出了，虽然这会使你少收入几千美元，但这比起你的荣誉来，算不了什么。"就在博格基尼驱车前往纽约歌剧院，打算取消这次演出时，基尔勃格终于打电话来了，他说他愿意今天晚上参加演出，因为，如果他不这样做的话，他就对不起博格基尼了，是博格基尼的慰藉使他恢复了状态。

在这两个故事中，罗斯福和博格基尼都没有直接说出自己的意思，而是顺着对方的意图，晓以利害，这样就使他们不自觉地改变了当初的想法或做法，从而达到了目的。

## 与人沟通先拉近心理距离

生活中，我们与人沟通或是欲与对方达成某种合作、谈成一笔生意，单单陈述"事"的内容，未必能够得到满意的答复。所以，必要时我们不妨"要点心眼"，从对方的某一"偏好"入手，这种心理攻势一定会令你受益匪浅。

但事实上，要掌握这种说话"计巧"也绝非易事，它需要我们把握两个要点：第一，说话之前要观察准确；第二，以"不经意"的方式"随口"说出来。

大家不妨一同去看看凯文先生是怎样做的。

伦敦一家糕点公司的总经理凯文先生，希望能将自己公司生产的糕点卖给一家星级宾馆。两年来，他一直在打这个主意，他几乎每个周末都去拜访该宾馆的老总。例如，凯文先生如果知道那位老总去参加某一聚会，为了创造见面的机会，他一定会尾随而去。最后，他甚至在该宾馆包下了一个房间，只为获得生意，可是他的心思都白费了。

凯文先生说："后来，我详读了不少人际关系方面的书籍，这时才知道我的策略不对——我应该换个思路，想办法查清他的兴趣所在，找出他感兴趣的话题。"

凯文先生发现，这位老总是英国旅游协会会员，他不但是会员，而且由于热心推进该团体的业务，后又被推选为旅游协会的名誉会长。无论协会举行什么会议，不管开会地点在哪儿，他都会不辞劳苦，乘飞机飞越高山、横跨大洋，前去参加。

至此，凯文先生已有了主意。第二天见到该老总时，他慢慢谈起了自己的旅游心得，果然取得了极好的反应——那位老总向凯文先生讲述了自己在世界各地的所见所闻，并逐渐延伸到旅游协会的一些情况。他谈到这些时神采飞扬，让人一眼就能看出，旅游是他的兴趣所在，也是他生活中的一部分。最后，在凯文先生与他分手时，该老总甚至还邀请凯文先生加入他们的团体。

自始至终，凯文先生都没有提到生意上的事情，但仅在两天后，那家宾馆的采购部经理，便打电话请凯文先生将糕点价目表和样品送过去。结果可想而知，凯文先生终于将自己的糕点卖给了那家宾馆，而且还签订了长期合作的协议。

对此，凯文先生自己也颇为惊讶，他说："我在他身上花了两年时间，一直想要与他合作，但始终未能如愿。如果不是煞费苦心地找出他的兴趣所在，真不知道还要花费多少时间和精力呢！"

为什么那位一改常态，突然接受了凯文先生？试想，如果凯文先生一见面就直奔主题，大谈生意经，结果又会怎样？凯文先生成功的"绝"窍，就在于他了解谈判对象。他从对方的兴趣入手，使对方的话多了起来，并将他视为知己。如此一来，这笔生意自然也就十拿九稳了。

可以说，促成这笔生意的关键，就在于拉近了与客户的心理距离。凯文先生喜欢旅游吗？未必！他来此的目的是什么？当然是谈生意。但他并没有显露自己的真实意图，而是去迎合对方的兴趣，终于为自己赢得了一位朋友和大客户。

人是群居性动物，没有人不希望自己被人了解、被人认可、被人尊重，没有人可以只活在自己的世界中，不与任何人进行交流，因为只有在群体中与别人分享自己的故事或想法，人才能找到归属感。与人交谈时，倘若希望对方喜欢你或是接受你的某种要求，不妨用心找出他的兴趣所在，挑选他感兴趣的话题作为突破口，这样，沟通的效果一定会更好。

## 商务谈判中务必抢占主动

　　谈判是一系列情势的集合体，它包括沟通、销售、市场、心理学、社会学、自信心以及冲突的解决。商务谈判的最终目的是双方达成协议，使交易成功。如何有效避免谈判中僵局的出现而使谈判获取成功？当冲突和矛盾出现时又如何化解呢？

　　首先，作为一个商务谈判者，应具备一种充满自信心、具有果断力、富于冒险精神的心理状态，只有这样才能在困难面前不低头，风险面前不回头，才能正视挫折与失败，拥抱成功与胜利。

　　此外，因为国际商务谈判常常是一场群体间的交锋，单凭谈判者个人的丰富知识和熟练技能，并不一定就能达到圆满的结局，所以要选择合适的人选组成谈判班子与对手谈判。谈判班子成员各自的知识结构要具有互补性，从而在解决各种专业问题时能驾轻就熟，并有助于提高谈判效率，在一定程度上减轻谈判人员的压力。

　　商务谈判中经常遇到的问题就是价格，这一般也是谈判冲突的焦点问题。准备工作的一个重要部分就是设定你让步的限度。如果你是一个出口商，你要确定最低价；如果你是一个进口商，你要确定最高价。在谈判前，双方都要确定一个底线，超越这个底线，谈判将无法进行。这个底线的确定必须有一定的合理性和科学性，要建立在调查研究和实际情况的基础之上，如果出口商把目标定得过高或进口商把价格定得过低，都会使谈判中出现激烈冲突，最终导致谈判失败。

当你确定开价时，应该考虑对方的文化背景、市场条件和商业管理。在某些情况下，可以在开价后迅速做些让步，但很多时候这种作风会显得对建立良好的商业关系不够认真。所以，开价必须慎重，而且留有足够的选择余地。

每一次谈判都有其特点，要求有特定的策略和相应战术。在某些情况下首先让步的谈判者可能被认为处于软弱地位，致使对方施加压力以得到更多的让步；然而另一种环境下，同样的举动可能被看作是一种要求回报的合作信号。在国际贸易中，采取合作的策略，可以使双方在交易中建立融洽的商业关系，使谈判成功，各方都能受益。但一个纯粹的合作关系也是不切实际的。当对方寻求最大利益时，会采取某些竞争策略。因此，在谈判中采取合作与竞争相结合的策略会促使谈判顺利结束。这就要求我们在谈判前制定多种策略方案，以便随机应变。

所以需要事先计划好，如果非要做出让步，要核算成本，并确定怎样让步和何时让步。重要的是在谈判之前要考虑几种可供选择的竞争策略，万一对方认为你的合作愿望是软弱的表示时，或者对方不合情理，咄咄逼人，这时改变谈判的策略，可以取得额外的让步。

因为双方都想在谈判中得到最大的利益，尽管我们可以在一定程度上避免谈判陷入僵局而至最终破裂，但有时利益的冲突是难以避免的。每逢此时，只有采取有效措施加以解决，才能使谈判顺利完成，取得成功。

谈判的利益冲突往往不在于客观事实，而在于人们的想法不同。在商务谈判中，当双方各执己见时，往往双方都是按照自己的思维定式考虑问题，这时谈判往往出现僵局。

在谈判中，如果双方出现意见不一致，可以尝试以下几种处理问题的方法：

（1）不妨站在对方的立场上考虑问题。

（2）不要以自己为中心推论对方的意图。

（3）相互讨论彼此的见解和看法。

（4）找寻对方吃惊的一些化解冲突的行动机会。

（5）一定要让对方感觉到参与了谈判达成协议的整个过程，协议是双方想法的反映。

（6）在协议达成时，一定要给对方留面子，尊重对方人格。

换个角度考虑问题恐怕是利益冲突发生后谈判中最重要的技巧之一。不同的人看问题的角度不一样，人们往往用既定的观点来看待事实，对与自己相悖的观点往往加以排斥。彼此交流不同的见解和看法，站在对方的立场上考虑问题并不是让一方遵循对方的思路解决问题，而是这种思维方式可以帮助你找到问题的症结所在，最终解决问题。

# 辩论需攻防结合滴水不漏

辩论在生活中很常见。俗话说,"先下手为强",有时局势的主动与否全在于论辩开始时能否掌握主动,能不能做到先发制人。

如果辩论刚开始在心理上能比对方站在更优越的位置,自然可以影响到后来彼此的谈话。因此,能够比对方先行一步,就达到了先发制人的地步。

辩论不是简单的舌战,更不是街头泼妇骂架,而是进攻与防守综合艺术的运用。顾头不顾尾的蛮攻和忍气吞声的呆守都会造成灭顶之灾。孙子曰:"备前则后寡,备后则前寡,备左则右寡,备右则左寡,无所不备,则无所不寡。"在辩论时,为了辨明是非,最经常也是最奏效的战略就是主动出击,因为只有在进攻、进攻、再进攻中才能始终把握主动权。但不能盲目进攻,要掌握进攻技巧,才能取得好的效果。

(1)正面进攻。

与对方短兵相接,面对面地直接驳斥对方的论点,尤其是中心论点,指出对方论点的错误和明显违背事实和常理的地方,使其主张不能成立,是辩论制胜的法宝,这就是所谓正面进攻。这是大规模的正规军决战常用的手法,最常用,也最难以掌握。

1988年"亚洲地区大学生论辩赛"预赛的第一场,中国香港中文大学队对新加坡国立大学队,辩题是"个人功利主义是社会进步的最重

要的因素",辩题即论点,作为反方的香港中文大学队的一名队员发言指出:

"国父孙中山领导辛亥革命,推翻了中国两千多年的封建统治,难道是因为个人功利主义吗?爱迪生发明了电灯,造福于全人类,难道是因为个人功利主义吗?"

这里采用的就是正面进攻,直接反驳辩题。只用两个反问句,举出两个无可辩驳的历史事实。孙中山领导的辛亥革命,中国及全世界都知道;爱迪生的科学发明,给全世界带来了光明,更是世人皆知。

论者用这两个促进社会进步的重大历史事实,直接证明"个人功利主义是社会进步的最重要因素"这一论点的错误。这一方法的效果是全面而且有力的。

(2)侧面进攻。

侧面进攻指不与对方正面交锋,或是因对方论点看似十分坚强,难以找到漏洞,而从侧面驳斥对方的论据,或提出对方论据逻辑上的毛病,加以迎头痛击,彻底打垮对方。

(3)包围进攻。

包围进攻是指当对方分论点很杂时,可以分割包围对方核心论点周围的分论点及论据逐一进行驳诘,最后推翻对方的核心立论。既然对方分论点不能成立,其核心立论自然不成立。

(4)迂回进攻。

迂回进攻是指不与对方近距离接触,而先远距离进攻,如从挑剔对方的论辩态度不妥或论辩风度有失,开始诘难,进而抓住对方的论辩企图，深入进行驳诘。用这种方法，往往使对手措手不及，难以应答。

在辩论中，掌握主动权，只有以正确的进攻方式攻击对手，在攻击过程中发现对方的破绽抢先下手，进而穷追猛打，方可一举取胜。

## 反驳的关键在于切中要害

俗话说，"有理走遍天下"。从道义上来说，这一命题当然能够成立。但是，在现实生活中，双方对垒，有时会出现一种荒谬——有理的被对手置于困境，竟会寸步难行。那对手，或者是掌权者，凭借权力，以势压人，使你欲辩不能；或者对方是无赖，刁钻泼皮，不讲道理，使你辩而不获。

面对这种情况，如果有理的一方不甘忍辱含垢，必欲力争抗辩，争出困境，那么在论辩时，所说的话全都要切中事理的要害或问题的关键，使对手理屈词穷，钳口莫辩，从而挽狂澜于既倒，变颓势为胜局。

有位哲学家说："人的眼睛看到的都是幻觉，而不是真相。"可是当他在街上遇到惊马时，他却躲上了房顶。

人们想用他自身的行为来驳斥他自己的谬论。所以问他："你不是说人眼看到的都是幻觉吗？为什么还要躲上房去呢？"

发扬进攻精神，从他自身上找问题，这是对的，但是人们没有注意到，在指出他躲上房去这一行为时，涉及我们自己的视觉。而按他的谬论，这视觉是幻觉。这就给了他可乘之机，让他得以自圆其说："你们看见我上房了吗？那是你们的幻觉。"

第一个回合没有驳倒他，我们要总结一下：进攻精神和找他自身的矛盾，这个方向是对的，要保持；但是不要涉及我们的视觉，而是要在他的视觉上找问题。另外，我们从以往的经验中可知，要注意对方话语中笼统概括一切的字眼，这往往是他的破绽之所在。他说："人的眼睛看到的都是幻觉。"这句话中"人"和"都"这二字都是这种字眼。"人"是指一切的人，就应包括这位哲学家在内。"都"是幻觉，那就是说从来没有看到过真相。想到这里，他的破绽就显示出来了。我们可以问他：

"你是人吗？"

"这是什么话？我当然是人！"

"那你看到过真相吗？"

"没有。"他只能这样回答。否则他就自己否定了自己的幻觉说。

这时我们就可以进一步问他："既然谁都没有看到过真相，那你何以知道我们看到的都是与真相不同的幻觉呢？"

这位哲学家就很难再自圆其说了。这种方法，可以叫作"以子之矛攻子之盾"，也就是说用他自己的话来攻击他，揭示出他话中自相矛盾的地方，从而驳倒他。

由此可以得出抓住要害反驳对方的步骤：

首先，在貌似强大的对手面前，自己的态度要坚毅刚强，旗帜要鲜明，要抱定必胜的信心，始终不渝。

其次，用以揭露强敌的理由要充足有力，举证要确凿无误，不让对手有空子可钻。

再次，融机便发，言辞犀利，字字句句都极富分量，极起作用。

最后，釜底抽薪，当头棒喝。要让对手感到，再不还以公道，待产生严重后果时，就悔之晚矣。

似此，哪怕是对付很有些强权的对手，也能稳操胜券。

不仅如此，反击的言论或举动还应比对方的高出一筹，这样，才能在两相对照之中，既保持主动地位，又能够打动对方，产生巨大的说服力或驳斥作用。

第七章

# 财 商

## 唤醒昏睡已久的财富意识

思维是财富的分界线。没钱的人不是不想成为富人,不是不想过上舒适的生活,但他们不懂那些致富的道理。我们的当务之急,是改变思维定式,学习成功者的思维,像成功者那样做事,这才是致富的捷径。

## 别再让观念拖财富的后腿

有一个女工，家里有三个水瓶。她是个很勤劳的女人，也非常节俭，只要哪个水瓶没有水了，总是及时去烧水，把空着的那个水瓶注满。她的家中从来没有断过开水，可是一家人一年四季都在喝凉水。这是为什么？

原来，家人每次倒水的时候，女工总是会提醒："先喝之前烧的，这是自家用电烧的水。在家不比在单位，在单位烧水不花自己的钱，凉了倒掉也不可惜。"家人听了以后，顺从地喝了凉水。于是，女工家天天烧开水，天天喝凉水。

真正的富足不是靠节省来累积的。不改变观念就只有天天喝凉开水，哪怕你再勤劳、再节俭。

现在的我们，大多数人都靠打工过日子，工作多年工资不过几千，省吃俭用半辈子,买个小套房还要借钱。回过头来想一想,决定生活的,或许就是当初的一念之差:如果当初带着几千块钱杀入股市,保不准现在已经成了百万富翁;如果当初肯放下身段花个几百元去摆地摊,没准现在已经成了大老板……可是当初你没做。你可能很勤劳,也能够理性地用钱,但你没有改变生活的想法,你的潜意识没有引导你去把握那些成功的机会,所以直到今天你还是老样子。

都在同一片蓝天下,脚踩着同一片土地,一样的政策,甚至一样的学历,一样的班级,为什么有些人可以月赚万元乃至数十万元,有些人却只能解决温饱?许多人百思不得其解,总是认为自己运气不佳。其实成功源于头脑。

有个人,因为衣食上的拮据在上帝面前痛哭流涕,诉说着生活的艰苦,累死累活地卖力气,却挣不来几个钱。哭了一阵他开始埋怨起来:"这个世界太不公平了,为什么有些人不出什么力气就能大鱼大肉,而我这么勤劳工作却吃不饱穿不暖!"上帝笑了,问他:"要怎么样你才觉得公平?"这个人急忙说道:"要是有人和我在相同的条件下,一起开始工作,他如果还能比我富有,我就没什么可说的了。"

上帝点了点头:"好吧!"

话音一落,上帝让一位富人破了产,他现在和这个人一样窘迫。上帝给了他们一人一座煤山,挖出的煤归他们所有,给他们一个月的时间去改变生活。

两个人一起开挖,穷的这个人平时习惯了体力活,挖煤对他来说就是小菜一碟,很快,他就挖了一车煤,拉去集市上卖了钱。然后,他把这些钱全都拿去买了美味的食物，给老婆孩子解馋。那个富人之前没干过重活，挖一会儿歇一会儿还累得头晕眼花。到了傍晚才勉强装满一车拉到集市上。他用卖煤的钱买了几个馒头充饥，留下了大部分。

第二天，穷人天微微亮就来到了他的煤山，开始挥舞起他粗壮的胳膊。那个富人早早就去了集市，没多久，他带回两个健壮的大汉，这两个人一到煤山就甩开膀子帮富人挖煤，而富人只站在一旁监督着。一天下来，富人运出了好几车煤，他除了给工人开工钱，剩下的钱还比那个人赚的钱多几倍。

第二天，富人如法炮制，又雇了几个工人来。就这样，一个月过去了，穷人只是刚刚挖开了煤山一角，而富人早就指挥工人挖光了煤山，赚了不少钱，他用这些钱再去投资，不久又发家了。

这个人从此再也不抱怨了。

如果固化、错误的观念不改变，不满意的现状就无法改变。想要改变世界，请先改变你自己。

有个牧师临终前对他的妻子说："年轻时，我立志改造这个世界，我到过很多地方，向人们讲述生活的道理，但是，"他接着说，"看来是没有起到什么作用，因为没人听我说什么。于是我决定先改变我的家人，但是使我迷茫的是，你们对我的话也不理会，没有发生任何我所希求的变化。"他停顿了一下，叹息道，"后来，到了生命的最后几年，我才认识到，我真正能够影响到的、唯一的人就是我自己。如果我想改变这个世界，我应该从改变自我开始。"

如果想法不对，再多努力也白费，想法比努力更重要！今天的市场经济，大鱼吃小鱼，更是快鱼吃慢鱼，是观念的更新，是想法的变革，是头脑的竞赛。想要改变今天的不如意局面，首先就要改变想法。

如果你能够有意识地改变自己错误的观念、行为，这会使你在做任何一件事时都与众不同。这个时候你会越来越接近一个成功者，接着你会自然而然地认为自己与别人不一样，你觉得自己就应该多学、多看、多干，你就能迅速提升自己。

## 不要一味地存钱

现如今，绝大多数人都选择了用拼命储蓄来进行自我保障。但是，大家忽略了一个问题——通货膨胀的存在。假如你是工薪一族，每个月将所有的剩余工资都存进银行，那么你会越来越穷，因为银行的存款利率跑不过通货膨胀，你的钱会不断贬值。举个生活中常见的小例子说明一下，上个月白菜是5毛/斤，这个月就涨到1元/斤了，而银行的存款利率并没有上调，仅有的那点存款就好像蜗牛一样在原地踏步。大家说，我们存起来的钱，其实用价值是多了还是少了呢？

说到这里，想给大家讲一个小故事：

以前，有一个很有钱的富翁，他准备了一大袋的黄金放在床头，这样他每天睡觉时就能看到黄金，摸到黄金。但是有一天，他开始担心这袋黄金随时会被歹徒偷走，于是就跑到森林里，在一块大石头底下挖了一个大洞，把这袋黄金埋在洞里面。隔三岔五富翁就会到埋黄金的地方看一看、摸一摸。

有一天，一个盗贼尾随这位富翁来到森林中，发现了这块大石头下的黄金，第二天他就把这袋黄金给偷走了。富翁发觉自己埋藏已久的黄金被人偷走以后，伤心欲绝，正巧森林里有一位长者经过此地，他了解了事情的始末以后，对这位富翁说："我有办法帮你把黄金找回来！"话一说完，这位长者立刻拿起金色的油漆，把埋藏黄金的这块大石头涂成黄金色，然后在上面写下了"一千两黄金"的字样。写完之后，长者告诉这位富翁："从今天起，你又可以天天来这里看你的黄金了，而且再也不必担心这块大黄金被人偷走。"富翁看到眼前的场景，半天都说不出话来……

可能有人没看懂，认为这个长者的脑子有问题，在自欺欺人。其实不是这样的，长者是想告诉富翁，如果金银财宝没有拿出来使用，那么藏在洞穴里的一千两黄金，与涂成黄金样的大石头就没什么两样。

当然，这也不是说叫我们把钱全都拿出来投资，一个人手头没有活动资金，不仅心里没有安全感，遇到紧急情况也确实会手忙脚乱，我们可以将自己的收入进行合理分配，大致分为：应急钱、养命钱和闲钱。我们将应急钱和养命钱存在银行里，给自己的生活保障加上一个保险锁，而那部分闲钱就可以用来"生钱"了。

真正聪明的人，不但懂得如何挣钱，更懂得如何去使用钱。他们能够将自己的资金变成"活钱",让它尽快也尽可能多的增值,而不是贬值。

人生财富的积累应是由挣钱向赚钱的转变,即由依靠工资收入转变为投资理财收入,特别是随着年龄的增长,我们应该越来越重视投资理财收入。也就是说,当有一部分资金可以运用以后,我们应该通过合理的调度和调配,再获得更多的财富。否则,如果不能将工作收入合理规划,随意挥霍,面临贬值,那么我们永远也无法过上富裕的生活,更谈不上实现财务自由。

也不要以为自己不具备投资头脑,其实,成功的投资者也不是天生的。如果你还年轻,你就应该尽早开始。从投资到承担风险将是一个过程,只相信自己的运气是靠不住的。失败并不可怕,可怕的是你从未开始。

## 不要为眼前小利鼠目寸光

《伊索寓言》里有一个杀鸡取卵的蠢人蠢事。说有人养了一只生金蛋的母鸡,他就以为鸡肚子里全是金子,于是把鸡杀了,意图取出更多的金蛋。结果,这个家伙失策了,母鸡的肚子里不仅没有更多金蛋,而且从此以后他再也得不到金蛋了。

　　为了眼前的小利而毁掉长远利益，怎么看都是一个愚蠢行为，但不少人却常犯这种错误。这种行为，说其蠢，是因为它本末倒置，舍本逐末，顾了眼前点滴好处，丢了长远的根本利益。这犹如"一叶障目"，只把眼前的一点小利无限放大了，而不懂抬起头看到更长远的利益，殊不知，眼前的小利也许发展到最后会给你带来更大的损失。

　　沙丁鱼是大海中身体瘦小的鱼种，每每遇到鲸，沙丁鱼们就拼命地逃。鲸就张大嘴巴在后面追，沙丁鱼们离海滩越来越近，只盯着猎物的鲸根本没有注意这些，当浑然不知的鲸发现海滩时，因为速度太快，想停下来已经迟了，在惯性的作用下，鲸庞大的身躯已经冲上海滩，沉重的身体陷进海沙中，无法游动，最终死亡……使鲸死亡的不是沙丁鱼，而是鲸鱼自己。

　　每个人都会在生活中遭遇象征诱惑的沙丁鱼，如果我们沉溺其中，就极有可能因为短视而搁浅，失去创造更多财富的机会。这一点，在仲永一家人身上表现得极为明显，当仲永他爹看到儿子的天赋时，眼前出现了绫罗绸缎、鸡鸭鱼肉，以及耀眼的银子，却忽略了发展仲永后天的才能，最终，他眼中的摇钱树倒了。试想，倘若仲永他爹能在看到利益的同时，也关注儿子的发展前途，那么他得到的财富何止这些？

　　一个青年向一个富翁请教成功之道，富翁却拿出三块大小不同的西瓜放在青年的面前："如果每块西瓜代表一定程度的利益，你选择哪块？""当然是最大那块。"青年毫不犹豫地回答。富翁一笑："那好，请吧。"富翁把最大的那块西瓜递给青年，自己却吃起了最小的那块。很快富翁就吃完了，随后拿起了桌上的最后一块西瓜得意地在青年面前晃了晃，大口吃起来。青年马上就明白了富翁的意思。富翁吃的西瓜虽然没有青年吃得大，却比青年吃得多。如果每块代表一定程度的利益，那么富翁占的利益自然比青年的多。

吃完西瓜后，富翁对青年说："要想成功，就要学会放弃，只有放弃眼前的利益，才能获得长远的利益、更大的利益，这就是我的成功之道。"

人，只有目光长远，才能避免误入陷阱，才能看到更多的机会。

有个人从小就没了父亲，母亲怕他受委屈，所以一直没有改嫁。孤儿寡母，日子过得非常困难，他的学费几乎全是母亲从鸡窝里抠出来的，有天他去上学，路过早市的时候看到一个卖熟食的脚边躺着一张1元纸币，而那个人一直在忙活自己的生意，完全不知道有这一张纸币从兜里溜了出来。在他的眼里，这1元钱等同于母亲卖两个鸡蛋的钱。他想去捡，又怕别人看到，于是上前一步将钱踩住。卖熟食的见有个孩子一直站在身边，有些诧异，就问："你想买点什么？"他红着脸只是笑，不言不语，更不肯挪动半分。卖熟食的以为这孩子馋肉又没钱，在这儿过眼瘾呢，便不再理他，自顾自地收钱卖肉。直到早市散了，卖熟食的骑着三轮离开以后，他这才弯下腰从脚底下拽出那1元钱。为了这一元钱，他耽误了一节课。放学回到家，他将1元钱递给母亲，说了来龙去脉，本以为母亲会称赞自己，没想到平时对钱很看重的母亲却板起脸教训他说："就为了这1块钱，你就耽误了上课？你的眼里就能看到这么一点东西？你要看得远一点，将来才会有出息！"

后来，他上了大学，毕业后就职于一家企业做市场营销。有一次，他被派到一个好久都没能打开销路的市场去做促销活动。下面的经销商单独请他吃饭,希望他能把活动取消,省下来的促销费两人平分,再一起签名呈报公司说促销活动已经做过了,神不知鬼也不觉。经销商还向他透露,之前有好几个公司的业务员都是这么干的,各有所得,皆大欢喜。他坚决不同意,说:"你没有想过吗?如果我们的活动成功了,得到的收益要比这多多了。"经销商笑了笑,说:"这个市场已经很久没打开了,你再做活动也是白搭!"他依然坚持己见。

促销活动如期进行,他将公司批拨的所有财力物力以及自己的全部精力都用在了活动上。市场竟然奇迹般地被打开了,那一年,他得到的奖金和提成是促销费的数十倍。

经销商专程来到总部请他吃饭,佩服地说:"没想到你的能力这么强,怪不得先前那么坚持己见!"

他笑了笑,说:"其实,在这之前我并不确定一定能将市场打开。"

经销商有些惊诧,不解地问:"你既然没有一定的把握,为何对眼前的好处视而不见呢?"

他又笑了笑,将小时候那1元钱的故事讲给了经销商听,又说:"从那时起,我就把母亲的话记在了心里——眼睛要向远处看,不能只盯着脚下的那一点点。"

若是把目光只放在眼前,那么未来就难以掌握。只看眼前,"一叶蔽目,不见泰山",注定无法获得最后胜利。一个人做长远的规划还是只做短期的打算,这个决定对其一生影响甚大。所以于此问题上,想改变生活的人应该目光长远,做出最适当的选择。

## 想致富就要勇于冒险

要求"保证什么都不会出差错"的人,一般都不能成什么气候。世界上任何领域的一流高手,都是靠着勇敢面对他人所畏惧的事物才出人头地,而一些取得了成功的人,也都是如此,都是以冒险的精神作为后盾的。

成功与财富,甚至你想拥有的每一样东西、每一项技能都不是与生俱来的,要得到这些,一定要经过冒险的阶段,并发挥"越失败,越勇敢"的精神,尝试,再尝试,才可能有所收获。

人类的进步与冒险精神是息息相关的,甚至从某种意义上说,正是因为人类的冒险精神才促进了人类的进步。哥白尼的天体运行学说,美洲新大陆的发现等无数的事例,证明了人类的一系列发现和创造都是从冒险开始的。勇于冒险的人,并非不惧风险,只是因为他们能认清风险,进而克服对风险的恐惧。勇气源于控制恐惧,而培养冒险精神则始于对风险的了解,特别是对风险所造成的后果的了解。

敢想敢做是一笔宝贵的财富,它在使人冲动的同时却又给予人们以热情、活力与敢向一切挑战的勇气,但是在懦夫眼里,无论干什么都是很危险的。

有一个人从小没有看见过海,他很想看一下大海到底是什么样的。有一天他得到一个机会,当他来到海边时,大雾弥漫,天气又冷。"啊,"

他想,"我不喜欢海;真庆幸我不是水手,当一个水手太危险了。"

在海岸上,他遇见一个水手,他们交谈起来。

"你怎么会爱海呢?"这个人奇怪地问,"那儿弥漫着雾,又冷。"

"海不是经常都冷和有雾,有时,大海是很美丽的,无论任何天气,我都爱海。"水手说。

"当一个水手不是很危险吗?"

"当一个人热爱他的工作时,他就不会再害怕什么危险,我们家的每一个人都爱海。"水手说。

"你的父亲现在何处呢?"

"他死在海里。"

"你的祖父呢?"

"死在大西洋里。"

"既然如此,"这个人带着同情和惋惜的语气说,"如果我是你,我就永远也不到海上去。"

"那你愿意告诉我你父亲死在哪儿吗?"

"啊,他在床上断的气。"

"你的祖父呢?"

"也是死在床上。"

"这样说来,如果我是你,"水手说,"我就永远也不到床上去了。"

一个人在冒险的过程中,就会让自己原本平淡无聊的生活变得激动人心,而且如果你能勇于冒险,你就能比你想象中做得更好。

麦克晋升为约翰森公司新产品部主任后的第一件事,就是要研制开发一种儿童使用的胸部按摩器,然而,这种产品的试制失败了,麦克心想这下完了,可能只好卷铺盖走人了。

麦克被召去见公司的总裁,不过,他受到了意想不到的礼遇。"你就是那位实验失败者吗?"罗伯特·伍德·约翰森问道,"好,我倒要向你表示祝贺。你敢于尝试错误,说明你勇于冒险,而如果缺乏这种精神,我们的公司就不会有更长远的发展了。"数年之后,麦克已经成了约翰森公司的总经理,但他依然始终牢记着总裁的这句话。

勇气和财富之间的关系是显而易见的,因为风险和收益往往是同时存在的。不管做什么生意,风险都是客观存在的,追求财富本身就是一种需要尝试者勇敢地面对风险、克服困难的过程,而且在一般情况下,风险越大,回报也就越大。因此,勇气的有无和大小,往往是贫穷和富有之间的分界线。

## 要敢于做第一个吃螃蟹的人

社会的发展日新月异,人的消费意识和消费品位也从大众化走向个性化。推出自己独具个性的产品以适应消费者的个性消费,这已是摆在新世纪经商者面前的新课题。所谓个性产品,就是要为自己的产品制造

"人无我有"的营销氛围。

在"人无我有"的基础上,再继续延伸,那就是为赢得商机敢于为他人不为,做他人不做。

1990年,王艳独自南下深圳。刚到深圳时,她在一家杂志社工作。单位不管吃住,为了省钱,她就步行大约20分钟,去熟人介绍的食堂吃饭,因为那里的盒饭只卖1.5元。租不起房子,她只好住在办公室。

和许多打工妹一样,本来她的理想很简单,就是希望自己有一份稳定的工作。可是现在连生存都成了问题,何谈理想?那段时间,王艳感觉自己就像无根的浮萍,漂泊不定,无处找寻梦想。经历了最初的兴奋与激动后,王艳突然发现,现实并非想象中的那么美好。面对残酷的现实,逃离还是坚守?倔强的王艳最终选择了顽强地坚守,她先后换了好几份工作,在深圳艰难地生存下来。

1996年,一个朋友和王艳闲聊时提起:"我香港的朋友有一种产品,想找人在深圳销售,我问过好几个朋友都推辞了,你敢不敢做?""难道是违禁品,有那么可怕?"王艳半开玩笑问道。朋友故作神秘,并未作答,而是先带她去看样品。等拿到样品一看,原来是安全套,王艳的脸一下子就红了,难怪别人不敢做。那时候,别说是推销安全套,就是一般人买安全套都觉得特别难堪,躲躲闪闪,像鬼子偷地雷似的。

一开始,王艳心里直打退堂鼓。这种"特殊"的产品,我一个女孩子来做实在太尴尬,弄不好还会惹来流言蜚语,自讨苦吃。可是,她转念一想,既然别人都不敢推销安全套,正说明这一行的竞争不太激烈,说不定这是一个机遇,错过了实在可惜。

巨大的尴尬让王艳不得不慎重考虑,她开始留意与安全套有关的事情。深圳是一座年轻的移民城市,那时全市360万人口平均年龄才23岁,其中大多数又是打工妹和打工仔。王艳也是从打工妹走过来的,她知道,这些年轻人正值婚恋年龄,因为远离父母的视线和传统思想的约束,加上出门在外强烈的漂泊感,很容易涉足爱河。而一个小小的安全套,或许就能帮他们避免许多麻烦。有需求就一定会有市场,而且随着社会进步,人们性观念的转变和自我保护意识的逐渐增强,安全套一定会被更多的人接受。这种于人于己都有利的事情,为什么不尝试一下呢?

1997年,王艳的产品正式在深圳上市。接下来,她必须同卖场打交道,直接面对客户,更大的考验随之而来。商场采购大多是男性,一个女性要说服一个陌生男人购买她的安全套,而且双方都是年轻人,其中的尴尬可想而知。

不过王艳深知,要说服别人首先得说服自己。每当遇到这种情况,她就在心里反复说服自己:安全套只是一个快速消费品,就像洗发水、沐浴露一样,是日常用品,对人们的生活有帮助,还能保护健康。经过反复进行自我心理暗示,渐渐地,王艳成功突破了自己,勇气越来越足,谈起生意也越来越自然。心理上的突破带来了生意上的飞跃,她的出货量也越来越大。

在随后几年里,她把自己的销售才华发挥得淋漓尽致,创造了多个全国业内的第一。她第一个实行免费赠送:消费者买任何品牌的安全套,都免费得到一份她的产品;她第一个买陈列,即付给商家一定的费用,把她的产品单独陈列在醒目的位置;她还是全国第一个以品牌形象,向公众免费发放安全套的人。多年的努力拼搏终于有了回报，她的产品销量大幅上升，从深圳走向了全国。1998年，凭着出色的业绩，王艳被任命为该品牌安全套的中国销售总代理，成为全行业高层主管中唯一的女性。

就在王艳上任不到几个月之后，国内安全套市场狼烟四起。有些机构财大气粗，把大量的资金投入市场，经常一掷千金，买断商场陈列架，强行把其他品牌扫地出门。看着节节下滑的销量，王艳心急如焚，对手步步紧逼，自己是跟进还是退守呢？跟进，自己的厂家不可能有更多的资金投入，不跟进等于是缴械投降。她深知肩上责任重大，自己的每一个决策都将影响品牌的命运，必须慎之又慎。

此时，王艳接到了业内最大竞争对手打来的电话，公然挑衅。可此举非但没有吓倒王艳，反而激起了她的斗志。王艳决心背水一战。接下来的时间里，她把全部精力投入到了经营上。别人买断了陈列柜台，她就发明了陈列带，把产品用带子挂在柜台边；别人抢占大城市，她就从小城市入手。狭路相逢勇者胜，大战过后，进入中国市场的四大国际品牌安全套只剩下两种。王艳笑到了最后，她的产品在国内市场稳稳站住了脚。

致富的机会处处都在，只是有些人不敢想也不敢做，有些人敢想却不敢做。因此，有的人去想了，也去做了，所以他们成功了。

争当第一个吃螃蟹的人，就是要敢于去尝试创新，敢于利用自己的特点，找出适合自己或企业发展的路；而且还要敢为天下先，永争第一。相反，如果自己不敢尝试创新，等看到别人成功后才步人后尘，企图分一杯羹，许多情况下只会有别人捡了西瓜我捡芝麻的结局。

## 底子薄？小生意同样能创富

做生意不怕小，就怕不赚钱。很多人总看不起一些小生意，好像要赚大钱就得搞房地产、卖汽车。这种想法其实大错特错了，看不起小生意的人最后只会落得个"大钱赚不着，小钱不会赚"的下场。

成功源于发现细节，一桩小生意里很可能暗藏着大乾坤，一个不起眼的小机会说不定就能让你创造奇迹。

范先生选择在欧洲的丹麦自谋财路，混迹生意场几年，他想到利用自己独具特色的手艺可以广纳财源，于是他就开了一家中国春卷店。开始时生意并不好。范先生经过一番市场调查后明白了，纯粹的中国式春卷并不合欧洲人的胃口。他重新进行精心选择和配制，不再运用中国人常用的韭菜肉丝馅心，而是采用符合丹麦人口味的馅心。这一独具匠心的改变，外加范先生的不懈努力，原来惨淡经营的小店顾客络绎不绝，慕名而来者云集，积累了资金后，范先生不失时机地扩大生意。范先生就是凭着自己非同寻常的观察视角，利用有利的时机把事业推向高峰的。

他放弃了以前的手工操作,开始采用自动化滚动机新技术来生产中国春卷,并投资兴建了"大龙"食品厂,还建了相配套的冷藏库和豆芽厂。生意越做越大,范先生的春卷开始向丹麦以外的国家出口。他坚持"中国春卷西方口味"这一秘诀,针对欧洲各国人的不同口味,采用豆芽、牛肉丝、火腿丝、鸡蛋或笋丝、木耳、鸡丝、胡萝卜丝、白菜、咖喱粉、鲜鱼等不同原料来制作,生产出来的春卷营养卫生、香脆可口,风格各异,因而深受欧洲各国人的喜欢。

由于大龙春卷价格稳定,又适合西方人口味,范先生的订单滚滚而来,生意扩展到欧洲各国。20世纪70年代末,经美国国会的专家化验鉴定后,美国政府决定每天向范先生订购十万只符合美国人口味的大龙春卷,以供给美国驻德国的五万士兵食用。

1986年,墨西哥正在举办第十三届世界杯足球赛的时候,大批球迷忙于看球连吃饭都顾不上。范先生抓住这个机会,按照墨西哥人的口味习惯,生产了一大批辣味春卷销往墨西哥,结果被抢购一空。

范先生不断扩大生产规模,运用新的设备和技术,由原本默默无闻的小商贩一举成为赫赫有名的大商户。由于他的公司产品质量上乘,服务一流,中国式春卷名声大振。

作为商人,怎样将渴望变成现实,并以小赚大呢?这是功力同时也是智慧的呈现。

许多经商者渴望自己能做大宗买卖,赚大钱,但那毕竟是"大款"的专利,底子薄的人可望而不可即。其实,小生意也可以带来高利润,小东西一样可以赚大钱。范先生就是这样慧眼独具,靠小春卷起家,成了大富翁的。

一些别人熟视无睹的小商品中常常孕育着大商机，如果你能动脑筋去开发，你就会成为成功者。

西村金助是一个制造沙漏的小厂商。沙漏是一种古董玩具，它在时钟未发明前是用来测算每日的时辰的，时钟问世后，沙漏已完成它的历史使命，而西村金助却把它作为一种古董来生产销售。

沙漏作为玩具，趣味性不多，孩子们自然不大喜欢它，因此销量很小。但西村金助找不到其他比较适合的工作，只能继续干他的老本行。沙漏的需求越来越少，西村金助最后只得停产。

一天，西村翻看一本讲赛马的书，书上说："马匹在现代社会里失去了它运输的功能，但是又以高娱乐价值的面目出现。"在这两行不太引人注目的字里，西村好像听到了上帝的声音，高兴地跳了起来。他想："赛马骑手用的马匹比运货的马匹值钱。是啊！我应该找出沙漏的新用途！"

就这样，从书中偶得的灵感，使西村金助的精神重新振奋起来，把心思又全都放到他的沙漏上。经过苦苦的思索，一个构思浮现在西村的脑海：做个限时三分钟的沙漏，在三分钟内，沙漏上的沙就会完全落到下面来，把它装在电话机旁，这样打长途电话时就不会超过三分钟，电话费就可以有效地控制了。

于是西村金助就开始动手制作。这个东西设计上非常简单，把沙漏的两端嵌上一个精致的小木板，再接上一条铜链，然后用螺丝钉钉在电话机旁就行了。不打电话时还可以作为装饰品，看它一点点落下来，虽是微不足道的小玩意，也能调剂一下现代人紧张的生活。

担心电话费支出的人很多，西村金助的新沙漏可以有效地控制通话时间，售价又非常便宜，因此一上市，销路就很不错，平均每个月能售出三万个。这项创新使沙漏转瞬间成为对生活有益的用品，销量成千倍地增加，濒临倒闭的小作坊很快变成一个大企业。西村金助也从一个小企业主摇身一变，成了腰缠万贯的富豪。

西村金助成功了，而且是轻轻松松，没费多大力气。可是如果他不是一个有心人，即便看了那本赛马的书，也逃不脱破产的厄运，还很可能成为身无分文的穷光蛋。它给人们一个启示：成功会偏爱那些留心小事物的有心人。

小细节、小机会中藏着致富的机遇，很多时候留心小事物就能抓住打开成功之门的钥匙，因此小生意不但不能轻视，反而要更加重视。

## 第八章

# 审 局

## 锤炼乘时乘势的应变能力

凡事都有个趋势，顺势而上，自然成功率高；逆势而上遇到的阻力就会大。自古有顺势而为者，有逆势而行者。顺势而动，无往不利；逆势而行，举步维艰。审度时宜，虑定而动，天下无不可为之事。

## 果断决策,别放时机的"鸽子"

一个人要想事业有成,崭露头角,就必须抛弃犹豫与徘徊,当机立断,果断决策,及时地把握人生的契机。

美国佛罗里达大学电视台开辟了一个特别节目《商机在哪里》,每期请一个嘉宾,讲述他们如何捕捉商机、发财致富的故事。第一期节目请到的是美国默卡尔集团董事长菲利博·默卡尔。默卡尔讲述了发生在很多年前的一个故事。

《华尔街日报》曾登载过一则消息:墨西哥发生了猪瘟疫并且波及牛羊等动物。一般人看到这则消息不会引起重视,然而,当时身为一家小型肉食加工公司老板的菲利博·默卡尔看到这则消息后,高兴得一下从沙发上弹了起来。他想,如果墨西哥的情况真的如此,瘟疫一定会从加利福尼亚州或者得克萨斯州边境传染到美国来,而这两个州又是美国肉食供应的主要基地，到时候，肉食供应肯定会紧张，肉价一定会随之猛涨。这正是自己做大肉食生意的好机会。

为了证实报纸上消息的可靠性，默卡尔当天就派私人医生亨利亚赶往墨西哥实地考察。亨利亚历时一周，在墨西哥进行深入的了解，证实了那里果然发生了猪瘟疫，而且瘟疫正在迅速蔓延，他立即把这个情况电告默卡尔。

默卡尔接到电报后，果断做出了决策：集中公司全部资金，投放所有人力，去加利福尼亚州和得克萨斯州，购买大量牛肉和生猪，并将之迅速运到美国东部，该加工的加工，该贮藏的贮藏。不到一个月的时间，默卡尔的公司掌握了足够多的肉类食品。

正如默卡尔预料的那样，墨西哥的猪瘟疫很快蔓延到了美国西部边境的几个州。为了防止其进一步扩散，美国政府下令，严禁一切食品从这几个州外运。当然也包括可制作食品的活牛、生猪在内。于是，美国国内肉类奇缺，价格暴涨。默卡尔肉食加工公司由于事先已加工储备了大量肉食，有备无患，仅用8个月的时间就净赚1500万美元。后来公司做大做强，默卡尔就成立了默卡尔集团，默卡尔集团也成了美国的知名企业。

最后，默卡尔说了这样一段话："在我们的生活中，处处充满了商机，但商机就像天空的闪电，稍纵即逝。因此，要抓住机会，果断决策，心动之后要立即行动。"

在选择面前，在机遇面前，在困惑面前，在众人面前需要决策时……果断，显得难能可贵。果断，是一种性格，也是一种气质，它会让身边的人体验到雷厉风行的快感。果断更是一种意境，只有果敢行事、当机立断的人，才会让人钦佩、羡慕、信赖并从中获得安全感。

## 趁热打铁，风来了就扬帆

乘着顺风，就该扯篷；趁着热度，就该打铁。当机遇女神向你微笑时，赶快拥抱她。

善于识别与把握时机对于人生发展是极为重要的。在一切大事业上，人在开始做事前要像千眼神那样观察时机，而在进行时要像千手神那样抓住时机。

苏珊·海沃德长得漂亮、苗条、性感，她的青年时代，正是好莱坞的主要制片公司发展的全盛时期，她怀着成为好莱坞电影明星的梦想，当上了合同演员。她进入好莱坞的最初几个月中，面对的不是摄像机而是照相机。她穿着泳装，日复一日地摆出千姿百态，为广告照做模特儿。她那充满魅力的微笑，随着报纸杂志的广告传遍五湖四海。

然而苏珊一直得不到当演员的机会，当她询问老板时，得到的回答总是："耐心地等一等，总有一天会推荐你的。"

有一次，机会突然来了。派拉蒙公司在洛杉矶举行全国性的影片销售会。苏珊接到旅馆舞厅的通知。舞厅里来了很多电影院的老板和来自各州的商人。影星们进入舞厅之前,派拉蒙公司对自己的影片已进行过大肆宣传。

影星们一个接一个与观众见面。苏珊出场时,会场上发出了一片欢呼。她此前还没意识到这是一次机会。她面对观众,像对老朋友们一样微笑着说:"我知道你们都认识我,你们中有谁见过我的照片?"

台下立即有许许多多的人举起了手。

"有人看过我在电影里的形象吗?"没有人举手,只有笑声。

苏珊趁热打铁,发问道:"你们愿意看我在电影中的形象吗?"

会场上响起了雷鸣般的掌声,代替了回答。

苏珊这一计即兴拈来,大获全胜,于是她说:"那么,诸位愿意捎个话给制片公司吗?"

这是一次民意测验,那么多观众的代表想看苏珊在电影中的形象,制片公司的老板得到这一民意测验的结果,完全可以判断,如果请苏珊出演影片,此片一定走俏。于是苏珊不久之后便受聘出演,上了银幕,并且成了大明星。她在《我想生存》一片扮演的角色使她荣获了奥斯卡金奖。

只有善于抓住机遇的人,才能在最佳时刻表现出自己与别人不同的个性和能力,才能成为人生的赢家。

## 把握时局,该出手时不犹豫

只要发现财源,甚至只要动了这个念头,就要立即着手去做。致富讲究时与局,时与局总是变来变去,你不快,钱就流到别人那里去了。

胡雪岩性格谨慎,不了解情况时,为求了解,急如星火,等到弄清楚事实,有了方针,他就从容了。说是"慢慢儿来",但绝不是拖延,更不是搁置。

对于胡雪岩这样一位眼界开阔、头脑灵活且敢想敢干的人来说,实在是到处都能见到财源,到处都能开出财源。比如他为销"洋庄"走了一趟上海,在上海的"长三堂子"吃了一夕花酒,酒宴上与那位后来成为他可以生死相托的朋友古应春的一席交谈,就让他抓住了一次赚钱的机会。

古应春是一位洋行通事,也称"康白度"或"康白脱"。中国开办洋务之初,这样的通事是极要紧的人物。他们表面上主要充当的是类似今天的外事翻译的角色,但由于这一角色的特殊性,在当时的外贸活动中,他们其实还承担着为买卖双方牵线搭桥的职能,实质上也就是后来所说的买办。胡雪岩要和洋人做生意,自然一定要结识这样的重要人物。胡雪岩来到上海,设法托人从中介绍与古应春相识。请吃花酒是当时上海场面上往来应酬必不可少的节目,于是便由胡雪岩做东,尤五出面,在怡情院摆了一桌以古应春为主客的花酒。

事情一旦想到，立即便着手进行，这是胡雪岩一贯的作风。请古应春吃花酒的当晚，酒宴散后已是子夜，胡雪岩也仍不肯休息，留下尤五商谈与古应春联手同洋人做军火生意的事宜，甚至将如何购进、走哪条路线运抵杭州、路上如何保障军火安全都考虑到了。第二天他又约来古应春，细细商定了购进枪支的数量和洋人进行生意谈判的细节，如何给浙江抚台衙门上"说帖"等事宜。第三天，胡雪岩就和古应春一道会见了洋商，谈妥了军火购进事宜。从动起做军火生意的念头到此时，不到72个小时，这笔生意就让胡雪岩做成了。

想好就干，神速出击，这是值得任何一个现代人深深体会和借鉴的。

做人，要"该出手时就出手"！当然，这不是指轻率冒进、意气用事，而是指经过"三思"之后的当机立断。行动缓慢、拖延不决只能让成功胎死腹中，而这一点更是商场中的大忌。胡雪岩如此睿智之人，怎会不晓得其中利害，是故对于"拖延犹豫"的做事风格，他的态度只有两个字"绝不！"

一个人在机遇面前倘若总是犹豫不决、拖来拖去，就会遭到机遇的鄙夷与抛弃。机遇才不会等你，你不抓住，它一定会跑向别人那里。与成功相距最远的，往往就是那些犹豫之人。机会出现在面前，他们瞻前顾后，这种人缺乏主见、意志薄弱，他们连自己的判断都不相信，自然也不会得到他人的信任。

那些成功之士之所以能够成功，很大程度上取决他们雷厉风行的性格。他们在机遇面前果敢无畏，该出手时就出手。诚然，他们也会有犯错之时，但即便如此，亦不知强过那些犹豫不决之人多少倍，因为他们出手的次数越多，能够抓住的机会也就越多，成功的概率自然也就越大。

## 不必等所有条件都成熟

如果所有的行动都要像发射火箭一样，在发射之前所有设备、程序等条件必须全部到位；行动只在发射瞬间，那么，火箭也许到现在还没有被发明出来。

有人来到一处苹果园，看到果农在采摘还没成熟的苹果，他很诧异，"苹果还没熟呢，怎么就摘了？"果农说："一看你就是个外行。熟透的果子运不到远方，没到地儿就烂了，半生不熟的果子可以在路上成熟啊。"

苹果可以在路上成熟，所以我们也可以趁早出发，不必等到全都成熟。如果映山红要等到日媚风暖才缓缓吐蕊，就会失去独占春天的天时；如果做事业要等到万事俱备才开始，就会误了抢占制高点的先机。或许我们可以这样说，成熟就是，你得到了老成的经验，却失去了青春的激情。

那年，英国利物浦一个叫科莱特的青年考入了哈佛大学，经常和他坐在一起听课的，是一位年仅18岁的美国小伙子。大二的时候，那小伙子对科莱特说，"咱俩一起退学吧，去开发 32BIT 财务软件。"因为当时新编的教科书，已解决了进位制路径转换问题。科莱特闻言吃了一惊，他是来这儿深造的，不是来胡闹的。再说，对于 BIT 系统，他们才学了一点皮毛而已，要想开发 BIT 财务软件，不把大学的全部课程学完是做不到的。他婉言谢绝了那位小伙子的邀请。

转眼过了十年，科莱特成为哈佛大学计算机系 BIT 方面的博士研究生，而那位退学的小伙子，在这一年，进入《福布斯》亿万富豪排行榜。1992 年，科莱特拿到博士后学位；那位小伙子的身价在这一年则仅次于巴菲特，成为美国第二富豪。1995 年，科莱特认为自己无论是学识还是经历都已足够成熟，可以对 32BIT 财务软件进行研发了，那位小伙子却已开发出 EIP 财务软件，它比 BIT 快 1500 倍，并且，这个软件在两周内占领了全球市场。这一年，他成为世界首富，他的名字——比尔·盖茨，成为成功与财富的代名词，传遍世界的每一个角落。

成功者不是比你聪明，只是在最短的时间采取最快的行动。许多事情，若要等到万事俱备才开始行动，或是以条件不齐备为借口不行动，那就只会延误时机，让计划一再被潮流所淘汰。

其实，不成熟不等于不成功。

以前的葡萄酒商被这样一个问题困扰着——葡萄酒酿成以后非常容易变酸，因为有细菌在作祟。该怎么清除细菌呢？法国生物学家巴斯德做了很多次试验，他成功了——他给葡萄酒加温到 100 摄氏度。可是，细菌是消灭了，葡萄酒的香味却也消失了。他想了想，给葡萄酒加温到 55 摄氏度，细菌被杀灭了一部分，提高了葡萄酒的保质期，酒味也非常醇厚。巴斯德由此得出结论：许多事物不需要全部沸腾。

那么，我们还要等"万事俱备"和条件成熟吗？那些叫嚷着"条件还不成熟"的人，并非已有条件不能支撑行动，他们要么是思想过于保守，做事死板呆滞，要么就是给自己的不思进取找借口。不管怎样，其结果都是碌碌无为。

在这个世界上，似乎存在着这样一个真理：做一件事，如果非要等到所有条件都成熟才肯去做，那么也许就要永远等下去。

## 抢占先机！先下手者才为强

在众多人当中，感觉敏锐但行动迟钝的大有人在，他们看到别人成功后会说："早在几年前我就看出这个机会了，只是没有去做。"没有去做，当然要怪自己。没有果敢的行动，一切梦想都只能化作泡影。

蔡大明是温州一个知名度相当高的鞋业公司的老板，他有一个弟弟叫蔡大亮，家住在农村。在我国刚刚改革开放之初，兄弟二人凭借南方人特有的市场敏锐力，几乎同时看到了政府的富民政策给国家带来的巨大的变化，人们开始摆脱过去那种自给自足的生活方式，穿衣戴帽都趋向了商品化。于是，蔡大明和蔡大亮兄弟俩同时决定每人办一个制鞋厂。

蔡大明说干就干，在他做出决定后，就马上行动起来，请来了师傅，招聘了工人，买来了机器，采购了原料，不出半个月，蔡大明就把产品推向了市场。而蔡大亮则犹豫不决，行动迟缓，他想先看看哥哥干的结果如何，然后再决定是否行动。

刚开始的时候，蔡大明的制鞋厂办得并不顺利。一会儿市场打不开，产品销路不畅通；一会儿资金出了问题，周转不灵；一会儿财务人员管理跟不上，生产管理混乱；一会儿工资不能按时发放，工人生产的积极性下降，在厂里闹情绪。总而言之，几乎农民企业家创业能遇到的问题蔡大明全遇上了。看到这些，蔡大亮暗自庆幸自己明智，心想：自己多亏没有像哥哥那样立即行动，否则也会像他那样步履维艰。

蔡大明的制鞋厂的确遇到了未曾料到的一些经营困难，这些困难是任何人创业的时候都可能遇到的。更何况蔡大明是改革开放之初第一批创业打天下的人，那时可供借鉴的创业经验也非常少，一切都要"摸着石头过河"。但蔡大明并未被困难击垮，凭着顽强的拼搏精神和灵活的头脑，克服了一个又一个困难，在一年之后，他的制鞋厂终于渡过了难关，给蔡大明一个满意的回报。

这时，看到哥哥骄人的业绩，蔡大亮则后悔不迭。他经过痛苦的思考，最终还是办起了自己的鞋厂。然而，先机已失，当蔡大亮办鞋厂的时候，全国鞋厂如雨后春笋一样在温州、石狮、青岛、成都等地出现。蔡大明的鞋厂就早办了一年，这一年时间为他赢得了众多的客户和市场，而蔡大亮至今仍客户寥落。到2000年蔡大明已在全国建起了自己的庞大行销网络，拥有资产数亿元，而蔡大亮由于没有订单，没有自己的营销网络，他只能为哥哥的鞋厂进行加工，资产连哥哥的百分之一都不到。

这就是立即行动和迟疑不决的巨大差别。兄弟俩同时看到了机会，几乎同时做出了相同的创业决定。不同的是，蔡大明的行动准则是说干就干，蔡大亮的行动准则则是在有了八九成的把握后再动手。蔡大明的行动准则是非常积极的，尽管他的行动没有十足的把握，但他的行动本身就可以弥补行为的缺陷，因而成功率非常高；蔡大亮的行动准则表面上看起来很稳妥，但这种稳妥往往却以失去机会作为巨大的代价。

在一百个把握机会却失败的事例中，至少有一半以上是因为做事不够果断导致的。要想把握住难得的机会，就要在机会面前果断决策。我们反对做事一味地蛮干瞎干，但我们更赞成、更支持、更强调瞅准机会、有了创业设想和计划就毫不迟疑立刻行动。

能够抓住机会的人，下决心时十分果决，而且在执行过程中决不轻易更改决定，不管外界环境如何恶劣都坚守决定。这样的人不仅能够抢占先机，而且还能创造出越来越多的机会。

## 形势不利时，要沉得住气

物竞天择，适者生存。在自然界，各种生物互相进行生存斗争，由天（自然）来选择，能适应自然变化者，就能够得以存活，不适应者，就只能走向灭亡！

人生都有低谷和高潮，聪明的人，适逢难事，一定会最大限度地弯下身保护自己；当机遇来临，他们又会最大限度地施展自己的才华，将自身的才能与智慧挥洒得淋漓尽致。

日本三百年德川幕府政权的开创者——德川家康自幼际遇坎坷，年仅6岁时，便被丰臣秀吉抓去当人质。丰臣秀吉交给了德川家康一个非常"艰巨"的任务——每日起床以后，先将丰臣秀吉的鞋放在怀中暖热，然后再亲自给丰臣秀吉穿上，这种工作德川家康一做就是7年。

13岁时，丰臣秀吉告诉德川家康："你可以回去了。"于是，德川家康才得以结束恢复自由，结束做人质的屈辱生活。但丰臣秀吉并没有就此放过他，他派人监视德川家康，看看他在获释后到底做些什么。

走出丰臣府，德川家康一直没有回头，默默地消失在路口。

回到家以后，他就像什么也没有发生过一样，并不急于囤积力量，聚兵复仇，而是过着非常有规律的生活。得到这一消息以后，丰臣秀吉放心了，也就再没有为难德川家康。

若干年后，丰臣秀吉归天，德川家康得知以后，立即集结军队，杀入大阪城，铲除了整个丰臣家族。

隐忍并不意味着屈服，更不是丧失人格。必要之时，唯有懂得委屈自己，以大局为重，日后才能涅槃重生，大展宏图。当时机不成熟时，在条件尚不具备时，我们何不"逆来顺受"一些，埋下头做事，一步一步地做出成绩，到那时，你说的话才会掷地有声！

美国一家知名牙膏公司有一位小职员，因为公司人才太多了，像他这样平凡的人根本引不起别人的注意。但是小职员从来不埋怨自己职位太低、工作太琐碎，相反，他总是用高标准要求自己，尽力把每一件工作都做好。渐渐地，他得了一个奇怪的绰号，叫作"每支2美元先生"。因为他无论签什么账单，都会在账单的右下角注上公司的名字，和"每支2美元"的字样，甚至和女朋友出去吃饭的时候也是如此。慢慢地，这件事被同事们知道了，大家都戏称他"每支2美元先生"，真名字反而没人叫了。

后来这件事传遍了整个公司，连老总都知道了。老总非常奇怪竟然还有这样的员工，如此注意宣传公司。于是他开始留意这个小职员的情况，发现他工作起来总是很有激情，而且也很有才能，于是起了提拔之心。而小职员也没有辜负老总的厚望，在接受老总分派的工作时总是全力以赴。后来，在老总退休之后，他很放心地把公司交给了这个小职员。而许多原来比他职位高、能力强的人却都没有坐上这个位子。

环境不好没关系，事情太琐碎也没关系，只要你沉得住气，那么你的等待和积累必然会有所回报的。这个平日默默无闻的小职员，就是凭借积累与等待，一鸣惊人，坐上了许多人望眼欲穿的位置。

第九章

# 借 势

借他人之势,成自己的事

成功者都善于借助别人的力量,从而大大缩短了成功的时间。顺势而为、借势而飞——可能不是成功的唯一方式,但是一定是成大事的关键。一切皆可以借势,"势"无处不在,无时不有,只要善于借势。

## 巧借外力解决自身的困境

身处逆境时,很多人往往只懂得利用自身的力量苦苦挣扎,这样做其实并不明智。有时单靠个人的力量难以突破逆境,你必须把周围环境中的力量重视起来,借力让自己走出困境。

大多数成功的人都善于运用他人的力量为自己做事。他们善于观察别人、结交别人,为自身助力,从而在自己陷入逆境时,获得帮助,走出逆境。所以,想成为成功者,就要善于借用周围环境中的一切力量,帮你走出困境。

有一个证券公司的业务员,刚进入这一行,发现证券业很难做,他一直没有什么特别好的办法来提升业绩,他的心里很着急,但这行竞争实在太激烈了,即使使尽了力气,还是很难有成绩。

谁料想,过了一阵子,这个业务员突然发生了大变化,客户一个接一个地主动找上他,而他竟然成了全公司业绩最好的业务人员。

这家公司的经理觉得难以理解,自己干了几十年,也没见过一个初入这行的人会突然大红大紫,于是就暗中观察他是怎么吸引客户的。

他发现这个业务员经常带客户到自己的办公桌旁谈事情。这个办公室里的每个位子都是单独隔开的,于是他有事没事就假装不经意地经过该业务员的桌旁,可是并没有发现他对客户说些什么特别的话。

有一天,这个业务员不在办公室里,经理经过他的办公桌时,不经意地看了一眼他的桌子。

"好小子,真服了你了!原来如此。"经理站在办公桌前像是发现了新大陆似的笑着说。

原来,在这个业务员的桌子上,摆着许多张自己家人的生活照。可是,在这些生活照中间,又相间摆着几张在不同场合拍摄的放大照片。而这些大照片,竟然全是一位股市大亨的照片。你想,客户看到业务员与股市大亨这么熟,肯定有关系,自然就会认为跟着他炒股能赚钱了。

由此可见,这位业务员便是一个聪明人,在遇到困难,打不开局面时能够背靠大树,巧借外力,从而使事情做起来化难为易,非常顺利。

你可以借力的对象不仅限于名人,还可以是朋友、老师,甚至是对手!有时候外界的力量可能很小,但只要你巧加利用,借力使力却可以迅速突破困境。

千万不要忽视周围环境中的微小力,只要你能借力使力就可以使杠杆作用发生在自己身上,从而脱离困境,开辟新局面。

## 资金匮乏,可以"借鸡生蛋"

很多人会抱怨"巧妇难为无米之炊",认为自己有见识、有能力,见到了商机却没有钱供自己支配,因而抱怨父母无能、社会不公平,云云。但事实上,对于思维灵活的人而言,即使没钱他们也能"变"出钱来,"钱"并不能阻碍个人成功。

周成建是一家员工数千,资产过亿的企业老板。这位事业有成的企业家,十多年前,还只是一个普通农民。像许多成功的企业家一样,周成建是靠自己艰苦奋斗完成资本原始积累的。

周成建出生于浙江温州青田县一个名叫石坑岭的村子里。为了摆脱祖祖辈辈贫穷的命运,他从小就学会了裁缝手艺。1986年,刚满20周岁的周成建,来到温州谋生。他什么脏活、累活都干,火车上三天三夜站过,一天只吃一顿饭熬过。经过几年含辛茹苦,慢慢地积蓄了点钱,就进入当地妙果寺服装专业市场,干起了老本行,白天卖服装,夜晚做服装,一天劳动16小时以上。于周成建来说,让资本扩大的机遇终于在1992年来临。

那年,来自福建石狮的风雪衣、夹克衫,像股旋风席卷温州市场,周成建紧跟市场行情制作起这些衣服。一次,一个东北老板向他一下就订了300件,这对于小作坊来说,无疑是个大数目,由于产品质量不错,客户一个接一个,订货量从300件又增到几千件,一年下来,赚了几百万元。就这样，他初步完成了资本原始积累。

有了几百万，周成建并没感到满足。几年来在市场上摸爬滚打，他有了经商经验，也培养出敏锐的眼光。那时，温州服装行业大多生产西装，款式大同小异，而国外少数几个休闲服品牌在温州刚刚露面，周成建感到休闲服有很大市场潜力，便用手头的钱成立了制衣厂，正式生产休闲服装，还打出了自己的品牌——美特斯邦威，产品面向工薪阶层，实行薄利多销。

采用虚拟经营迅速扩大资本，在之后的短短5年间，周成建的资产很快从百万增长至上亿元，这其中有致富窍门，用他自己的话总结，是用了借鸡生蛋、借网捕鱼的经营方法。

当时，建厂之后，周成建能支配的资金很少。作为小微企业，从银行贷款很难。万般无奈下，他想到利用外力弥补自己资金的不足。在生产上，他采取定牌生产的策略，先后与广东、江苏等60多家具有一流生产设备、管理规范的国有、合资服装加工厂建立长期合作关系。现在全国有60多家企业为其生产，年产800万件服装，如果这些企业都由周成建自己投资的话，至少需要3亿元。在扩大市场份额上，周成建采取了特许连锁经营的策略，即公司将特许权转让给加盟店，加盟店要使用邦威公司的商标、商号、服务方式等，并向公司交纳一定的特许费。这一办法效果很好，专卖店每年以新增50家的速度发展。现在，已有邦威专卖店500多家，遍布全国各地，去年公司销售额达5亿多元，如果这么多的店都自己投资，则需要1.5亿至2亿元。而这些资金，他都通过"借鸡生蛋"的方法解决了。

在经济环境日益复杂、市场竞争日益激烈的今天，很多原本想要有一番作为的人望而退却了。他们虽胸怀大志，却荷包单薄，没有大资本去运作。于是，只能站在岸边望洋兴叹，时不待我，一文钱难倒英雄汉等等。其实，不是时不待他们，而是他们的本事根本还没到家。他们怎么就没有想到去"借鸡生蛋"呢？别以为向人借东西很难，只要你借得巧妙，还是有很多人愿意慷慨解囊呢。举个例子说一下：

比如，你在年初借人家一只母鸡，到了年底这只鸡共计下了120个蛋，那么你在还鸡给人家的时候，就拿出50个蛋给人家作为利息，抛除喂养这只鸡的20个蛋支出，那么你还能赚50个蛋，借你鸡的人也会很高兴，如果有下次，他还愿意把鸡借给你。但是如果你不去借鸡，你会有这50个蛋吗？

读到这儿或许有人要问：人家一年能下100个蛋的鸡，为什么借你去下蛋，自己只收50个蛋的利润呢？问得好，别人怎么会白白借给你呢？理由就是，鸡的主人根本就不怎么会喂鸡，如果他自己来喂，最多就能下30个蛋。现在借给别人，不但不需要自己喂养，还多得了20个蛋，这样的好事，又何乐而不为呢？

其实，当今商界很多叱咤风云的人物在创业之初也没有多么雄厚的资本，而他们照样可以赢得大回报，其巧妙之处就在这个"借"字。其运用之妙，存乎于心，全靠个人的发挥和运用。

记住卡尔·阿尔布雷克特的忠告："如果你想很轻松地使自己获得成功，获得财富，而又不用什么实际上的投入的话，就要学会巧妙地运用'借'字。"

## 求助无门，就去寻人"做媒"

生活中，有时我们有求于人，但与对方的交情又不够深，贸然相求难以奏效不说，还会折了面子，下不来台，令彼此都感到尴尬。这时，如果能够找到一位替你穿针引线的朋友，让他尽其所能，从中撮合，传递信息，论理说情，就再好不过了。

战国时期有位有名的人物——孟尝君。提到孟尝君自然令人想到他豪侠仗义，食客三千。孟尝君是齐国的名门望族，几度出任相职，是政界的实力派。但有一次他与齐湣王意见不合，一气之下辞去相职回到了私人领地——一个叫薛的地方。

到薛不久发生了一件大事，使孟尝君始料不及。

战国时期各国之间互相攻伐，战争十分频繁，邻国之间的关系常处于不稳定状态。这时与薛接邻的南方大国楚正待举兵攻薛。与楚相比，薛不过是弹丸之地，兵力粮草等均不能与之相比，楚兵一旦到来，薛地后果不堪设想。

燃眉之急，唯有求救于齐。但孟尝君刚刚与齐湣王闹了意见，不好意思去求，去了也怕湣王不答应。为此他伤透了脑筋，一筹莫展。

绝路之中老天给了他一线希望，齐国大夫淳于髡来薛地拜访。他是奉湣王之命去楚国交涉国事，归途顺便来看望孟尝君这位名门望族的。孟尝君抚额称庆，可谓天助我也。他早已想好了主意，亲自到城外迎接淳于髡，并以盛宴款待。

淳于髡是何许人也？

《史记·滑稽列传》载，淳于髡，身高五尺，其貌不扬，然善临机应变，常为诸侯效力，多以不辱使命而归。又有《孟子·荀卿列传》载，淳于髡，齐国人，博闻强记，善顺人意，是观察对方脸色而应付自如的高手。

而且淳于髡不仅个人资质好，与王室也有密切的关系。威、宣、湣三代齐王都很器重他。威王时，他被全权委托招待诸侯；宣王时，他负责研究学问，是"稷下学"的中心人物；湣王时，他成了王室的政治顾问，且与孟尝君本人也有私交。

"对，只有委托他穿针引线了。"

孟尝君决心已下，开口直言相求："我将遭楚国攻击，危在旦夕，请君助我。"

淳于髡也很干脆："承蒙不弃，从命就是。"

后人猜测，淳于髡此行，可能是有目的而来，专为朋友解危的，只不过须孟尝君当面求他就是了。朋友之交，有许多心照不宣的东西，古来如此。

却说淳于髡赶回齐国进宫晋见湣王。正面的话题当然是要相告出国履行公务的结果，他真正要办的事情也早已盘算在心。

湣王问道："楚国的情况如何？"

湣王的话题正投淳于髡的所好，顺着这个话题，淳于髡要开始展开攻心术，履行对朋友的承诺了。

"事情很糟。楚国太顽固，自恃强大，满脑子想以强凌弱；而薛呢，也不自量……"

湣王一听,马上就问:"薛又怎么样?"

淳于髡眼见湣王入了"套",便抓住机会说:

"薛对自己的力量缺乏分析,没有远虑,建筑了一座祭拜祖先的祠庙,规模宏大,却不问自己是否有保卫它的能力。目前楚王出兵攻击这一祠庙,咳,真不知后果怎样!所以我说薛不自量,楚也太顽固。"

齐王表情大变:"喔,原来薛有那么大的祠庙?"随即下令派兵救薛。

守护先祖之祠庙,是国君最大义务之一。为了保护祖先祠庙就必须出兵救薛,薛的危机就是齐的危机,在这种危机面前,湣王就不会再计较与孟尝君的个人恩怨了。整个过程,淳于髡没有提到一句请湣王发兵救孟尝君的话,而是抓住湣王最关心的问题——也就是最大的弱点,旁敲侧击,点到痛处,令湣王自己主动发兵救薛,实际上是救了孟尝君。

孟尝君之所以成功是因为有了淳于髡的"媒妁之言",正是这种"穿针引线"的"计巧"救了他。

## 联合强者,壮大自己

"三个臭皮匠,赛过诸葛亮。"西方有谚语云:"两人智慧大于一人。"

特别是在成功的路上，大凡明智之人都懂得联合起来改变自己的命运。

20世纪70年代末期，日本汽车大量倾销到美国市场。由于日本汽车质量好，价格又较美国汽车低廉，所以给美国汽车工业带来了严重的威胁，为了争夺美国汽车市场，美日双方的斗争一直在激烈地进行着。

1984年美国洛杉矶奥运会组委会开始征集赞助单位时，刚一听到主办人尤伯罗斯宣布招标的消息，日本的日产汽车公司立即电告组委会，要求参加赞助。并主动提出出资500万美元，并表示如果必要可以再增加，无论如何要争取到赞助权。一旦争得赞助权，将会给公司带来难以想象的利润和深远的影响。

美国的两大汽车生产厂家"通用"和"福特"听到日本方面提出申请的消息后，马上召开紧急会议，商讨一致对外的对策。如果日产在这次招标中争到了赞助权，将对两家的利益产生严重的威胁，所以绝不能让其如愿。双方几经协商后，决定让实力最为雄厚的"通用"汽车公司和日产公司进行较量，"福特"则退出竞争，在背后全力支持"通用"。"通用"得到了"福特"公司的支持，立即通知尤伯罗斯，愿意出资600万美元，并提供500辆别克牌轿车，供各国运动员和贵宾乘坐，另外还将特制10辆最豪华、最新型的高级轿车作为国际奥委会主席和各国元首的专用车。

日产汽车听到通用公司的报价之后，便向组委会表示，要多少车提供多少车，没有数量的限制，赞助费还可以提升。

但无论日产汽车公司如何提高赞助费的额度，也总是敌不过有"福特"做后盾的"通用"汽车公司的报价。最后，"通用"汽车公司战胜了日产汽车公司，以900万美元的赞助费同组委会签了合约。在这场争夺战中，单枪匹马的日产只能以失败告终。

合作才有竞争力，其结果是双赢发展。就提高企业经济效益而言，自己单干是做"加"法，与人合作是做"乘"法。

市场经济时代，最灿烂的口号是"强强联合"，如果双方都是懂得合作、善于合作的伙伴，则合作能带来巨大的收益。所以，我们要学会合作。只有这样，才能出惊人的成果。联合强者，1加1大于2，这样明显的道理，一旦被掌握和应用起来，就能产生巨大的推动力，让应用它的人在事业上前进、成功。

一个人的力量再强大也总是有限的，而联合强者则可以壮大自己。中国人说："团结就是力量。"

吴王夫差灭越之后，联合鲁国去攻打齐国，引起了齐国内乱。齐国人杀了齐悼公，归附了吴国，立齐悼公的儿子为国君，是为齐简公。齐简公拜陈恒为相国，让他掌握齐国的大权。

刚刚出任相国的陈恒立功心切，对齐简公说："小小的鲁国竟敢跟着夫差来欺负咱们，这个仇不能不报。"

齐简公也觉得堂堂大齐国，竟在鲁国的攻击下认输了，实在太丢面子，就命陈恒发兵去攻打鲁国。

这时候，孔子正在鲁国编书，听到这个消息后十分吃惊，说："鲁国是我父母之邦，哪儿能让人家灭了呐！"于是就派他的弟子子贡去见陈恒。

陈恒一见子贡，迎头就说："先生是替鲁国说话的吗？"

子贡说:"不,我是来替齐国说话的。可有一样,我不能随便说。"说着就往四下里张望一下。

陈恒明白他的心意,命跟前的人全部退下。然后心平气和地向子贡拱了拱手,说:"请先生多多指教!"

子贡说:"相国执掌着齐国的大权,难道就没有大臣跟你争位吗?就拿你这次派的两位将领来说吧,他们来打这软弱无能的鲁国,准能马到成功。他们的功劳一大,势力也就大了,总有一天要与您争相位。要是您叫他们去打那强大的吴国,把他们牵制住,相国治理齐国可就方便多了。"

一番话把陈恒说得连连点头。他就按照子贡所说的去做,让人马驻扎在汶水按兵不动,派人去探听吴国的动静。

接着,子贡又到吴国,面见了吴王夫差。

夫差早有称霸的野心,一向骄傲自大,还喜欢人家奉承他。

子贡一见面就对吴王说:"上回贵国联合鲁国去打齐国,齐国认为这是个挺大的耻辱,老想着报仇。如今齐国的大队人马已经到了汶水,他们打算先把鲁国灭了,然后再向贵国报仇。要让我瞧,大王倒不如先发制人,派兵去打齐。您要是把蛮横的齐国打败了,不光是救了鲁国,中原的霸主您不是准当上吗?"这话句句说到吴王夫差的心里,他立即派兵向汶水进发。

等子贡回到鲁国向孔子报告时,吴国已经把齐国打败。就这样,子贡凭着自己的一张巧嘴,挑起两个强国之间的矛盾,保住了鲁国人民的安全。

# 借助他人加快成功速度

人一生赚的钱 12.5% 来自知识，87.5% 来自人际关系。人际资源越丰富，赚钱的门路也就越多。

一个人若没有几个能够帮自己的朋友，做起事来就要比别人多付出几倍的努力。一位知名商人曾经这样说过："与大人物结交，我才得以有今日的成功，与大人物结交，在他的影响下，你才会给自己提出更高的要求，进而大大增强自身的素质。"事实上，那些成功人士在未成功之前都会在生活中时刻留意，寻找一切机会，以求借助他人的影响帮助自己赢得成功。

微软创始人比尔·盖茨在创业的过程中，充分利用人际关系进行经营活动。当盖茨创立微软公司时，他只是一个无名小卒，但还是签到公司的第一份大合约，这份合约是跟当时全世界第一强电脑公司——IBM 签的。

当时的 IBM 已经是业内的巨人，谁能攀上这个高枝，意味着将成为业内的翘楚。IDM 公司看到苹果个人电脑热销的时候，为了尽快推出自己的产品，IBM 公司准备将操作系统外包。当时在操作系统领域领导潮流的是数字研究公司的 CP/M 操作系统。那个时候 IBM 已经是大型公司，但 IBM 屈尊俯就，登门商讨合作事宜。当时谁料想，该公司的年轻老板基尔多博士未能把握商机，一上来就开出了高价，每台电脑按惯例收取授权费 200 美元，并附加其他条件。

盖茨的母亲听到这个消息后，非常高兴，于是跑到新董事长办公室，请其把这单生意给儿子。盖茨的母亲是 IBM 的董事会董事，IBM 新任董事长是盖茨母亲的朋友。最后董事长同意把这单生意给盖茨试试看。假如当初盖茨没有签到 IBM 这个单，他也许不可能那么快成功。

诚然，人的成功与自身的努力密不可分。但倘若能够得到他人相助，就会少走很多弯路。走过一段人生路以后你就会明白，我们步入社会，尤其是进入职场以后，文凭的效用将逐渐变得模糊。大家的起步点大致相同，能力又不相上下，除非你特别出众，否则很难处于领先的位置。因而，若想尽快拔得头筹，我们必须借助外界力量。